新型职业农民培育规划教材

# 玉米规模生产经营

◎ 宋志伟　吕春和　姚枣香　主编

U0370149

中国农业科学技术出版社

**图书在版编目（CIP）数据**

玉米规模生产经营／宋志伟，吕春和，姚枣香主编．—北京：中国农业科学技术出版社，2015.8

ISBN 978 - 7 - 5116 - 2191 - 7

Ⅰ.①玉…　Ⅱ.①宋…②吕…③姚…　Ⅲ.①玉米 - 规模生产 - 栽培技术 - 技术培训 - 教材　Ⅳ.①S513

中国版本图书馆 CIP 数据核字（2015）第 172207 号

| | |
|---|---|
| **责任编辑** | 张孝安 |
| **责任校对** | 马广洋 |

| | |
|---|---|
| **出 版 者** | 中国农业科学技术出版社 |
| | 北京市中关村南大街 12 号　邮编：100081 |
| **电　　话** | (010)82109708(编辑室)　(010)82109702(发行部) |
| | (010)82109709(读者服务部) |
| **传　　真** | (010)82106650 |
| **网　　址** | http://www.castp.cn |
| **经 销 者** | 各地新华书店 |
| **印 刷 者** | 北京富泰印刷有限责任公司 |
| **开　　本** | 850mm×1 168mm　1/32 |
| **印　　张** | 6 |
| **字　　数** | 156 千字 |
| **版　　次** | 2015 年 8 月第 1 版　2015 年 8 月第 1 次印刷 |
| **定　　价** | 24.00 元 |

# 《玉米规模生产经营》
## 编 写 人 员

**主　编**　宋志伟　吕春和　姚枣香

**副主编**　杨首乐　丛晓飞　姬红萍　黄伟明

**编　者**　陈　梦　陈启楠　常　华　刘　冰

　　　　　李灵芹　雒会平　刘永进　袁洪彬

# 内容简介

　　本书主要介绍了玉米生产概况、玉米规模生产计划与耕播技术、玉米规模生产生育进程管理技术、玉米规模生产收获贮藏与秸秆还田技术、特用玉米生产技术、玉米规模生产成本核算与产品销售等知识。本书采用培训模块模式进行编写，具有实用性、通俗性和先进性等特点。

　　本书可作为生产经营型职业农民培训与农业技术人员培训教材，亦可供相关专业的教师、农技推广人员、工程技术人员参考。

# 编写说明

新型职业农民是现代农业从业者的主体，开展新型职业农民培育工作，提高新型职业农民综合素质、生产技能和经营能力，是加快现代农业发展，保障国家粮食安全，持续增加农民收入，建设社会主义新农村的重要举措。党中央、国务院高度重视农民教育培训工作，提出了"大力培育新型职业农民"的历史任务。实践证明，教育培训是提升农民生产经营水平，提高新型职业农民素质的最直接、最有效的途径，也是新型职业农民培育的关键环节和基础工作。

为贯彻落实中央的战略部署，提高农民教育培训质量，同时也为各地培育新型职业农民提供基础保障——高质量教材，按照"科教兴农、人才强农、新型职业农民固农"的战略要求，迫切需要大力培育一批"有文化、懂技术、会经营"的新型职业农民。为做好新型职业农民培育工作，提升教育培训质量和效果，我们组织一批国内权威专家学者共同编写一套新型职业农民培育规划教材，供各新型职业农民培育机构开展新型职业农民培训使用。

本套教材适用新型职业农民培育工作，按照培训内容分别出版生产经营型、专业技能型和社会服务型3类。定位服务培训对象、提高农民素质、强调针对性和实用性，在选题上立足现代农业发展，选择国家重点支持、通用性强、覆盖面广、培训需求大的产业、工种和岗位开发教材；在内容上针对不同类型职业农民特点和需求，突出从种到收、从生产决策到产品营销全过程所需掌握的农业生产技术和经营管理理念；在体例上打破传统学科知识体系，以"农业生产过程为导向"构建编写体系，围绕生产过程和生产环节进行编写，实现教学过程与生产过程对接；在形式上采用模块化编写，教材图文并茂，通俗易懂，利于激发农民学习兴趣，具有较强的可读性。

本教材根据《生产经营型职业农民培训规范（玉米生产）》要求编写，《玉米规模生产经营》是系列规划教材之一，适用于从事现代玉米产业的生产经营型职业农民，也可供专业技能型和社会服务型职业农民选择学习。鉴于我国地域广阔，生产条件差异大，建议各地在使用本教材时，结合本地区生产实际进行适当选择和补充。在本书编写过程中得到河南省农业厅科教处、河南省农业广播电视学校、河南农业职业学院等单位的大力支持，同时参考引用了许多文献资料，在此谨向支持单位和文献作者深表谢意。由于我们学识水平有限，书中难免存在疏漏和错误之处，敬请专家、同行和广大读者批评指正。

宋志伟

2015 年 6 月

# 目　录

# 模块一　玉米生产概况

## 一、玉米生产概况

### （一）世界玉米生产概况

玉米是世界上种植范围最广的作物，除南极洲外，玉米在其他各州均有种植。玉米的种植南界是南纬35°~40°的南非、智利、澳大利亚、阿根廷等地区，北界为北纬45°~50°的英国、德国、波兰等欧洲地区，哈萨克斯坦北部、俄罗斯南部、中国东北部等亚洲地区，加拿大南部等北美地区。从低于海平面20米的中国新疆维吾尔自治区吐鲁番盆地直到海拔4 000米的青藏高原都有玉米种植。

目前世界上约有165个国家和地区种植玉米，其中，美国、中国、巴西、印度、墨西哥的玉米种植面积位居前5位，占世界玉米种植面积的60%左右。美国是世界上玉米种植面积最大的国家，种植面积约5.25亿亩[*]，占世界种植面积的22.29%左右，产量约占世界总产量的40.03%；其次是中国，种植面积约4.65亿亩，占世界种植面积的19.75%左右，产量约占世界总产量的20.09%；巴西列第三位，种植面积约2.02亿亩，占世界种植面积的8.57%左右，产量约占世界总产量的7.01%；印度与墨西哥玉米种植面积均在1.12亿亩，分别占世界种植面积的4.76%左右，其中墨西哥的玉米产量约占世界总产量的6.74%。

---

[*] 1亩≈667平方米，1公顷＝15亩，全书同

## （二）中国玉米生产概况

中国是世界第二大玉米生产国和消费国，玉米是中国种植面积最广的作物之一。随着高产、抗逆的优良玉米杂交种不断选育成功与推广，水利设施的不断完善，栽培管理水平的提高，以及养殖业、加工业大量需求的拉动，我国的玉米种植面积迅速扩大，产量急剧增长。据统计，2013 年我国玉米种植面积达 3 580 万公顷，总产量为 2.13 亿吨，平均单产 397.47 千克/亩。

2004 年以来，国家为保障粮食生产安全，相继出台了一系列政策，支持粮食生产发展。玉米种植面积由 2003 年的 3.61 亿亩增加到 2010 年的 4.872 亿亩，单产由 2003 年的 320.87 千克/亩增加到 2010 年的 360.41 千克/亩，总产由 2003 年的 1.158 亿吨增加到 2010 年的 1.774 亿吨。主要体现在：

1. 玉米生产发展势头良好，是我国粮食增产的主力军

近年来，我国玉米生产的快速发展为粮食连年增产作出了重要贡献，贡献率高达44%以上。国务院《国家粮食安全中长期发展规划（2008—2020 年）》所制定的新增500 亿千克粮食目标中，玉米要承担53%的增产份额。

2. 国家出台多项惠农政策，玉米生产补贴力度不断加大

目前，我国农业补贴政策主要包括种粮农民直接补贴、农资综合补贴、良种补贴、农机购置补贴，并且玉米良种补贴已实现按面积全覆盖。

3. 大力开展玉米高产创建，推广玉米"一增四改"关键技术

为全面提升我国农业产出率和综合生产能力，保障国家粮食安全，农业部自 2008 年起在全国范围内组织开展粮食高产创建活动。玉米"一增四改"关键技术已成为我国玉米生产主推技术，生产实践证明该技术在全国各玉米主产省实施和推广均产生了良好效果。

4. 玉米生产区域优势进一步突显

随着近年来我国玉米生产的快速发展，我国玉米生产已形成"三区两专"，即三个玉米主产区和两个专用玉米生产区的生产格局。巩固并加强东北春玉米区和黄淮海夏玉米区的优势地位，积极挖掘西南、华北和西北地区的玉米生产潜力，在内蒙古自治区及西南地区根据草食性牲畜发展需要和气候生态条件，积极扶持和发展青贮玉米，进一步优化品种结构。

5. 品种和品质结构进一步优化

随着我国玉米生产中种植面积相对较大的郑单958、浚单20、农大108和先玉335等一大批优质高产品种的大面积应用，玉米生产用种基本实现良种化，商品化杂交种比例达到95%以上，优质品种比重提高到50%。鲜食玉米和青饲玉米等专用玉米异军突起，发展势头良好，品种结构进一步优化。

6. 玉米科研投入力度不断加大，科技支撑能力逐步增强

近年来，转基因重大专项、863计划、973计划、科技支撑计划、粮食科技丰产工程、超级玉米、行业科技等国家重大科技项目的相继启动，促进了玉米科研迅速发展，为玉米生产提供了强有力的科技支撑。国家玉米产业技术体系、农业部玉米专家指导组、农业科技入户工程、地方科技创新团队等全面推进了玉米科技的到位率和普及率。

7. 国外种业巨头纷纷进军中国，国内玉米种业竞争形势严峻

目前，先锋、孟山都、先正达、KWS等国际种业巨头已全面进军中国，并且玉米种业首当其冲。虽然通过引进优质种质资源和先进科学技术，加快育种进程、提高育种水平，但也应该看到，国内玉米种业今后将面临更加激烈的竞争形势。

# 二、玉米的生产地位

由于玉米籽粒和植株在组成成分方面的许多特点，决定了玉米的广泛利用价值。世界玉米总产量中直接用作食粮的只占 1/3，大部分用于其他方面。

## 1. 食用

玉米是世界上最重要的食粮之一，特别是一些非洲、拉丁美洲国家。现今全世界约有 1/3 的人口以玉米籽粒作为主要食粮，其中亚洲人的食物组成中玉米占 50%，多者达 90% 以上，非洲占 25%，拉丁美洲占 40%。玉米的营养成分优于稻米、薯类等，缺点是颗粒大、食味差、黏性小。随着玉米加工工业的发展，玉米的食用品质不断改善，形成了种类多样的玉米食品。

（1）特制玉米粉和胚粉。玉米籽粒脂肪含量较高，在贮藏过程中会因脂肪氧化作用产生不良味道。经加工而成的特制玉米粉，含油量降低到 1% 以下，可改善食用品质，粒度较细。适于与小麦面粉掺和作各种面食。由于富含蛋白质和较多的维生素，添加制成的食品营养价值高，是儿童和老年人的食用佳品。

（2）膨化食品。玉米膨化食品是 20 世纪 70 年代以来兴起而迅速盛行的方便食品，具有疏松多孔、结构均匀、质地柔软的特点，不仅色、香、味俱佳，而且提高了营养价值和食品消化率。

（3）玉米片。是一种快餐食品，便于携带，保存时间长，既可直接食用，又可制作其他食品，还可采用不同佐料制成各种风味的方便食品，用水、奶、汤冲泡即可食用。

（4）甜玉米。可用来充当蔬菜或鲜食，加工产品包括整穗速冻、籽粒速冻、罐头 3 种。

（5）玉米啤酒。因玉米蛋白质含量与稻米接近而低于大麦、淀粉含量与稻米接近而高于大麦，故为比较理想的啤酒生产原料。

2. 饲用

世界上大约65%的玉米都用作饲料，发达国家高达80%，是畜牧业赖以发展的重要基础。

（1）玉米籽粒。玉米籽粒，特别是黄粒玉米是良好的饲料，可直接作为猪、牛、马、鸡、鹅等畜禽饲料；特别适用于肥猪、肉牛、奶牛、肉鸡。随着饲料工业的发展，浓缩饲料和配合饲料广泛应用，单纯用玉米作饲料的量已大为减少。

（2）玉米秸秆。也是良好饲料，特别是牛的高能饲料，可以代替部分玉米籽粒。玉米秸秆的缺点是含蛋白质和钙少，因此，需要加以补充。秸秆青贮不仅可以保持茎叶鲜嫩多汁，而且在青贮过程中经微生物作用产生乳酸等物质，增强了适口性。

（3）玉米加工副产品的饲料应用。玉米湿磨、干磨、淀粉、啤酒、糊精、糖等加工过程中生产的胚、麸皮、浆液等副产品，也是重要的饲料资源，在美国占饲料加工原料的5%以上。

3. 工业加工

玉米籽粒是重要的工业原料，初加工和深加工可生产二三百种产品。初加工产品和副产品可作为基础原料进一步加工利用，在食品、化工、发酵、医药、纺织、造纸等工业生产中制造种类繁多的产品，穗轴可生产糠醛。另外，玉米秸秆和穗轴可以培养生产食用菌，苞叶可编织提篮、地毯、坐毯等手工艺品，行销国内外。

（1）玉米淀粉。玉米在淀粉生产中占有重要位置，世界上大部分淀粉是用玉米生产的。美国等一些国家则完全以玉米为原料。为适应对玉米淀粉量与质的要求，玉米淀粉的加工工艺已取得了引人注目的发展。特别是在发达国家，玉米淀粉加工已形成重要的工业生产行业。

（2）玉米的发酵加工。玉米为发酵工业提供了丰富而经济的碳水化合物。通过酶解生成的葡萄糖，是发酵工业的良好原料。

加工的副产品，如玉米浸泡液、粉浆等都可用于发酵工业生产酒精、啤酒等许多种产品。

（3）玉米制糖。随着科技发展，以淀粉为原料的制糖工业正在兴起，品种、产量和应用范围大大增加，其中，以玉米为原料的制糖工业尤为引人注目。专家预计，未来玉米糖将占甜味市场的50%，玉米在下一世纪将成为主要的制糖原料。

（4）玉米油。是由玉米胚加工制得的植物油脂，主要由不饱和脂肪酸组成。其中亚油酸是人体必需脂肪酸，是构成人体细胞的组成部分，在人体内可与胆固醇相结合，呈流动性和正常代谢，有防治动脉粥样硬化等心血管疾病的功效玉米油中的谷固醇具有降低胆固醇的功效，富含维生素E有抗氧化作用，可防治干眼病、夜盲症、皮炎、支气管扩张等多种功能，并具有一定的抗癌作用。由于玉米油的上述特点，且还因其营养价值高，味觉好，不易变质，因而深受人们欢迎。

# 三、玉米的生物学基础

## （一）玉米的分类

玉米，俗称棒子、苞米、蜀黍、苞谷等，为禾本科黍亚种玉蜀黍属，一年生草本植物。起源于中南美洲，16世纪中期传入我国。由于目的及依据不同，可将玉米分成不同的类别，最常见的是按籽粒形态与结构分类，按生育期分类，以及按籽粒成分与用途分类。

1. 按籽粒形态与结构分类

根据籽粒有无稃壳、籽粒形状及胚乳性质，可将玉米分成9个类型。

（1）硬粒型。又称燧石型，适应性强，耐瘠、早熟。果穗多呈锥形，籽粒顶部呈圆形，由于胚乳外周是角质淀粉。故籽粒外表透明，外皮具光泽，且坚硬，多为黄色。食味品质优良，产量较低。

（2）马齿型。植株高大，耐肥水，产量高，成熟较迟。果穗呈筒形，籽粒长大扁平，籽粒的两侧为角质淀粉，中央和顶部为粉质淀粉，成熟时顶部粉质淀粉失水干燥较快，籽粒顶端凹陷呈马齿状，故而得名。凹陷的程度取决于淀粉含量。食味品质不如硬粒型。

（3）粉质型。又名软粒型，果穗及籽粒形状与硬粒型相似，但胚乳全由粉质淀粉组成，籽粒乳白色，无光泽，是制造淀粉和酿造的优良原料。

（4）甜质型。又称甜玉米，植株矮小，果穗小。胚乳中含有较多的糖分及水分，成熟时因水分蒸散而种子皱缩，多为角质胚乳，坚硬呈半透明状，多做蔬菜或制罐头。

（5）甜粉型。籽粒上部为甜质型角质胚乳，下部为粉质胚乳，世界上较为罕见。

（6）爆裂型。又名玉米麦，每株结穗较多，但果穗与籽粒都小，籽粒圆形，顶端突出，淀粉类型几乎全为角质。遇热时淀粉内的水分形成蒸气而爆裂。

（7）蜡质型。又名糯质型。原产我国，果穗较小，籽粒中胚乳几乎全由支链淀粉构成，不透明，无光泽如蜡状。支链淀粉遇碘液呈红色反应。食用时黏性较大，故又称黏玉米。

（8）有稃型。籽粒为较长的稃壳所包被，故名。稃壳顶端有时有芒。有较强的自花不孕性，雄花序发达，籽粒坚硬，脱粒困难。

（9）半马齿型。介于硬粒型与马齿型之间，籽粒顶端凹陷深度比马齿型浅，角质胚乳较多。种皮较厚，产量较高。

2. 按生育期分类

主要是由于遗传上的差异，不同的玉米类型从播种到成熟。即生育期亦不一样，根据生育期的长短，可分为早、中、晚熟类型。

（1）早熟品种。春播 80 ~ 100 天，积温 2 000 ~ 2 200℃；夏播 70 ~ 85 天，积温为 1 800 ~ 2 100℃早熟品种一般植株矮小，叶片数量少，为 14 ~ 17 片。由于生育期的限制，产量潜力较小。

（2）中熟品种。春播 100 ~ 120 天，需积温 2 300 ~ 2 500℃；夏播 85 ~ 95 天，积温 2 100 ~ 2 200℃。叶片数较早熟品种多而较晚播品种少。

（3）晚熟品种。春播 120 ~ 150 天，积温 2 500 ~ 2 800℃；夏播 96 天以上，积温 2 300℃以上。一般植株高大，叶片数多，多为 21 ~ 25 片。由于生育期长，产量潜力较大。

3. 按用途与籽粒组成成分分类

根据籽粒的组成成分及特殊用途，可将玉米分为特用玉米和普通玉米两大类。

特用玉米是指具有较高的经济价值、营养价值或加工利用价值的玉米，这些玉米类型具有各自的内在遗传组成，表现出各具特色的籽粒构造、营养成分、加工品质以及食用风味等特征，因而有着各自特殊的用途、加工要求。

特用玉米一般指高赖氨酸玉米、糯玉米、甜玉米、爆裂玉米和高油玉米等。

（1）甜玉米。又称蔬菜玉米，既可以煮熟后直接食用，又可以制成各种风味的罐头、加工食品和冷冻食品。甜玉米的蔗糖含量是普通玉米的 2 ~ 10 倍。由于遗传因素不同，甜玉米又可分为普甜玉米、加强甜玉米和超甜玉米 3 类。甜玉米在发达国家销量较大。

（2）糯玉米。又称黏玉米，其胚乳淀粉几乎全由支链淀粉组成。支链淀粉与直链淀粉的区别是前者分子量比后者小得多，食用消化率又高 20% 以上。糯玉米具有较高的黏滞性及适口性，可以鲜食或制罐头，可做食品工业的基础原料，可作为增稠剂使用，还广泛地用于胶带、黏合剂和造纸等工业。

（3）高油玉米。是指籽粒含油量超过 8% 的玉米类型，由于玉米油主要存在于胚内，直观上看高油玉米都有较大的胚。玉米油的主要成分是脂肪酸，尤其是油酸、亚油酸的含量较高，是人体维持健康所必需的。玉米油富含维生素 F、维生素 A、维生素 E 和卵磷脂含量也较高，经常食用可减少人体胆固醇含量，增强肌肉和心血管的机能，增强人体肌肉代谢，提高对传染病的抵抗能力。因此，人们称之为健康营养油。

（4）高赖氨酸玉米。也称优质蛋白玉米，即玉米籽粒中赖氨酸含量在 0.4% 以上，普通玉米的赖氨酸含量一般在 0.2% 左右。高赖氨酸玉米食用的营养价值很高，相当于脱脂奶。用于饲料养猪，猪的日增重较普通玉米提高 50% ~ 110%，喂鸡也有类似的效果。随着高产的优质蛋白玉米品种的涌现，高赖氨酸玉米发展前景极为广阔。

（5）爆裂玉米。即前述的爆裂玉米类型，其突出特点是角质胚乳含量高，淀粉粒内的水分遇高温而爆裂。一般作为风味食品在大中城市流行。

## （二）玉米的一生

玉米从播种到成熟的天数称为玉米的一生。玉米的一生经历若干个生育时期和生育阶段来完成整个生活周期。玉米从播种至成熟的天数，称为生育期，一般需要 90 ~ 150 天。生育期长短与品种、播种期和温度等有关。

### 1. 玉米的生育时期

在玉米的一生中，受内外条件变化的影响，不论外部形态特征还是内部生理特性，均发生不同的阶段性变化，这些阶段性变化，称为生育时期。生产上常用到的生育时期有：

播种期：播种的日期。

出苗期：第一片真叶展开的日期，这时苗高 2 ~ 3 厘米。

拔节期：茎基部节间开始伸长的日期。

抽穗期：雄穗主轴顶端从顶叶露出 3 ~ 5 厘米的日期。

开花期：雄穗主轴开花散粉的日期。

吐丝期：雌穗花丝伸出苞叶 2 ~ 3 厘米长的日期。

成熟期：雌穗苞叶变黄而松散，籽粒呈现本品种固有性状、颜色，种胚下方尖冠层处形成黑色层的日期。

生产上，通常以全田 50% 的植株达到以上标准的日期作为各生育期是记载标准。另外，还常用小、大喇叭口期作为田间管理的标准，小喇叭口期是指玉米植株有 12 ~ 13 片可见叶，9 ~ 10 片展开叶，心叶形似小喇叭。大喇叭口期是指玉米植株叶片大部分可见，但未全展开，心叶丛生，上平中空，形似大喇叭口。

2. 玉米的生育阶段

玉米各器官的生长、发育具有一定的规律性和顺序性，依据玉米根、茎、叶、穗、粒先后发生的主次关系和生育特点，一般把玉米的一生划分为苗期、穗期、花粒期 3 个阶段。

（1）苗期阶段。玉米苗期是指从播种到拔节的一段时间，一般经历 25 ~ 40 天，包括种子萌发、出苗及幼苗生长等过程。苗期以根系生长为主，地上部生长较慢。到拔节时，玉米植株已基本形成强大的根系。因此，苗期田间管理的中心任务就是促进根系发育、培育壮苗，达到全田苗早、苗全、苗齐、苗壮的"四苗"要求，为丰产打好基础。

（2）穗期阶段。玉米植株从拔节至抽穗的这一段时间，称为穗期，一般为 30 ~ 35 天。这一时期包括一部分叶片的生长、节间的伸长、变粗，雌雄穗的分化等，总结其生育特点为：在叶片和茎秆旺盛生长的同时，雌雄穗生殖器官也正在分化发育，是营养生长与生殖生长并进阶段，也是玉米一生中生长最快的阶段。因此，这一时期田间管理的重点是调节植株生育状况，保证植株茎秆敦实的丰产长相，争取穗大、粒多。

（3）花粒期阶段。玉米从抽雄至籽粒成熟这一段时间，称为花粒期，一般需要 40 ~ 50 天。包括开花、授粉、结实和籽粒成熟等过程，玉米抽雄、散粉时，所有叶片均已展开，植株已经定

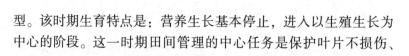

型。该时期生育特点是：营养生长基本停止，进入以生殖生长为中心的阶段。这一时期田间管理的中心任务是保护叶片不损伤、不早衰，争取延长灌浆时间，实现粒多、粒重、高产的目标。

### （三）玉米器官的生长发育

玉米植株包括根、茎、叶、花序和种子等 5 部分器官。

1. 种子构造及其萌发

（1）玉米种子的构成。玉米种子有种皮胚芽和胚 3 部分组成。种皮指玉米籽粒的外皮层，包裹着整个种子，具有保护作用；胚乳位于种皮里面，占种子总重量的 80% ~85%；胚位于种子基部，占种子总重量的 10% ~15%，由胚芽胚轴和胚根组成。

（2）萌芽和出苗对环境条件的要求。玉米种子在适宜的温度、水分和氧气条件下基本能萌发。播种后，出苗的快慢与温度和水分条件关系密切。当玉米种子吸收的水分相当于其本身干重的 48% ~50% 时，种子就可以萌发。适合玉米种子萌芽的土壤水分含量为田间对大持水量的 60% 左右；气温 10 ~12℃ 时，玉米种子发芽正常，所以常把土层 5 ~10 厘米的温度稳定在 10 ~12℃ 的时段作为玉米适时播种的温度指标。出苗的最适温度是 20 ~35℃，最高温度是 44 ~50℃。在适宜温度范围内，温度愈高，出苗愈快。

2. 根的生长

玉米的根系属须根系。土壤水分养分和温度等对玉米根系生长影响极大。一般土壤含水量达田间最大持水量的 60% ~70%，玉米根系生长发育良好。土壤干旱或受涝时，根系易老化甚至停止生长。地温 20 ~24℃ 是根系生长较适宜的温度条件，当地温降到 4 ~5℃ 时，根系完全停止生长。土壤缺肥，根系生长比较差，生理机能降低。所以，播种前精细整地，深耕施肥，苗期早中耕，勤中耕、中期培土和中耕等措施均可为玉米根系生长发育创造良好的水，肥，气，热条件，是玉米高产栽培的重要措施。

3. 茎的生长

玉米的茎秆粗壮，高大。不同品种及不同栽培条件。茎秆的高矮有差异。通常把株高在 2 米以下的品种称为矮秆品种，在 2.5 米以上的为高秆品种，株高在 2～2.5 米得称为中秆品种。目前，生产上采用的品种大多为中秆品种。

玉米茎秆的生长受温度养分供应等因素影响。温度高，养分充足，则茎秆伸长迅速。最适宜茎秆生长的温度为 24～28℃，低于 12℃，茎秆基本停止生长。增施有机肥和适当施用氮肥，植株高度和重量增加。但是，肥水过多密度过大，通风条件较差时，易引起节间过度伸长，植株生长细弱，容易倒伏。因此，生产上应注意合理施肥灌水控制植株基部节间不过分伸长，增强抗倒能力。

4. 叶的生长

（1）叶的形态。玉米每个茎节上着生一片叶，一般着生 15～24 片叶。通常早熟品种茎秆长叶 15～17 片叶，中熟品种 18～20 片，晚熟品种 20 片以上。不同节位的叶对产量所起的作用有差别。一般中部叶片大于上部叶片，上部叶片又大于下部叶片，以穗位上下 3 片叶对产量的作用最大。

玉米叶片的着生姿态与植株对光能的利用有直接影响。一般认为，叶片上挺的株型光能利用率高。叶夹角小，叶片上挺，有利于密植。在同等管理水平下，具备这样株型的品种较易获得高产。

（2）叶生长对环境条件的要求。①光。玉米是短日照作物，光周期变化和光照强度对植株叶片的数量和大小都有影响。我国玉米北种南引，因日照变短，植株相应变矮，叶数减少，南种北移，因日照时数量增加，植株较高大，穗分化发育晚。②温度。气温的高低主要影响玉米叶片的出叶速度。③肥水条件。肥水条件可以影响叶片的大小和功能期的长短。在氮素营养适宜，水分充足时，叶面积增大，叶片光和强度大，寿命长；在氮素不足和干旱时，叶片光合效率降低，叶片早衰，产量下降。

5. 雌雄穗的发育

玉米是雌雄同株异花授粉作物。玉米雄花序为圆锥花序，着生于茎秆顶部。雌花序为肉穗状花序，又称雌穗。果穗籽粒行数都呈偶数，一般为 10 ~ 18 行。

（1）水分。在穗分化期间需要充足的水分。缺水容易出现秃顶和秕粒。在穗分化期间，土壤含水量应保持在田间最大持水量的 70% 左右，才有利于穗分化顺利进行，促进穗粒大粒多。

（2）矿质营养。在穗分化发育期间，植株吸收的养分应占总吸收养分的 50% 左右。氮、磷、钾三要素配合施用，有利于促进果穗生长。但在氮素充足，磷缺乏时，穗分化速度迟缓，开花延迟，籽粒数目减少，空穗增多。尤其是雄穗进入四分体时期，对水、肥、温反应敏感，这是决定花粉粒形成多少、生活力高低的关键时期，同时又是雌穗小花分化期，及时追肥、灌水，并有充足的光照，能促进花粉粒发育，提高结实率。

6. 开花授粉与籽粒形成

（1）开花授粉与籽粒形成过程。玉米雄穗抽出 2 ~ 5 天后开始开花。雄穗花朵全部开完历时 5 ~ 9 天，开始的 2 ~ 4 天开花散粉最多。在适宜条件下，玉米花粉活力可保持 24 ~ 48 小时。花粉借风力传播，传播范围可达 200 ~ 250 米，花粉粒不丧失受精能力。

玉米雌穗吐丝一般比雄穗抽雄晚 2 ~ 5 天，花丝抽出即可授粉。以花丝抽出后 1 ~ 4 天授粉能力最强，以后逐渐降低，到 10 天后慢慢丧失能力，15 天后花丝授粉能力完全丧失。花丝任何部位都具有授粉能力。花粉落在花丝上大约 2 小时开始发芽，授粉后经 20 ~ 25 小时即可完成受精作用。此后，花丝停止生长，枯萎变褐。

玉米籽粒形成过程可分为 3 个时期：①乳熟期。此期玉米籽粒的胚乳由乳汁状渐变为浆糊状，籽粒体积达到最大，重量达到完熟期的 60% ~ 70%。这时胚具有发芽能力，但不能收获作种。

②蜡熟期。此期玉米粒处于失水阶段。籽粒含水量有40%降至20%，胚乳由糊状变为凝蜡状。这时若为了抢种下茬作物，可以连植株一起收获，以待后熟。③完熟期。苞叶干枯松散，籽粒渐变发亮，具备原品种种子的一切特征，是收获的适宜时期。

（2）开花授粉对环境条件的要求。①温度。玉米抽雄开花期要求日平均温度在25~28℃。这是玉米一生中对温度要求最高的时期；籽粒形成和灌浆期间，要求日平均温度保持在20~24℃，如低于16℃或高于25℃，养分的积累和运转将受影响，造成籽粒不饱满。特别是有些地区常因此时的干热风造成"高温逼熟"，致使籽粒中水分迅速散失，养分停止积累，籽粒皱缩干瘪，千粒重降低，严重影响产量。②水分。玉米开花期要求大气相对湿度65~90℃，土壤水分保持在田间最大持水量的70%~80%。此时如遇干旱，雄穗抽不出，雌穗发育延缓，甚至使雌雄穗开花授粉脱节，造成授粉不良，缺粒秃顶严重，导致减产。籽粒灌浆时，水分充足，可延长叶片功能期，籽粒灌浆饱满。蜡熟期以后，需水量下降，要求土壤适当干燥，以利于成熟。

# 四、玉米产量构成与产量形成

## （一）产量构成因素

玉米单位面积上的籽粒产量由单位面积的有效穗数、每穗粒数和粒重构成。计算产量的公式是：

产量（千克/亩）=（每亩有效穗数×每穗粒数×千粒重）/$10^6$

在各个产量构成因素中，单位面积有效穗数和每穗粒数易受栽培条件的影响，变异幅度大。粒重主要受遗传因素制约，受栽培条件影响少，变化幅度最小。

## （二）产量形成

从物质生产的角度来看，玉米籽粒产量的形成必须经过 3 个过程：第一，通过光合作用制造有机物，即要有形成产量的物质的"源"；第二，要有能容纳光合产物的籽粒，即要有储藏物质的"库"；第三，要求运转系统能将光合产物运输给籽粒，即所谓"流"要顺畅。其中，任何过程受阻，都会限制籽粒的产量。

1. 单位面积穗数

单位面积穗数决定于种植密度与平均每株穗数。在低密度范围内，单位面积穗数几乎与密度成正相关。因为，在此情况下，每株穗数受密度影响少，不出现空株率出现机会很少。当密度增加到一定程度后，穗数增加幅度逐渐降低，双穗率显著减少，空株率明显增加。所以，培育适宜密植的品种，通过密植增加单位面积穗数，对于提高玉米产量具有重要意义。

2. 每穗粒数

玉米每穗粒数是一项比较不稳定的因素，对产量的影响较大。每穗结实粒数与分化的大小花数有关。每穗分化的小花数是有品种特性所决定的。

3. 粒重

玉米不同品种的千粒重差异显著。但是，同一品种在不同条件下，千粒重比单位面积上的粒数和每穗粒数的变化幅度少得多。千粒重是比较稳定的产量构成因素。这是因为粒重决定于受精后胚和胚乳细胞数目的增加、体积的扩大和胚乳细胞干物质的累积过程。这期间的光照时间、温度和水肥供应等对粒重都有很大影响，加强后期管理是增加粒重的关键措施。

# 模块二 玉米规模生产计划与耕播技术

## 一、我国玉米区域生态与种植模式

我国玉米带纵跨寒温带、暖温带、亚热带和热带生态区，分布在低地平原、丘陵和高原山区等不同自然条件下。玉米在我国分布很广，全国31个省（自治区、直辖市）均有种植。传统上我国的玉米种植区划可分为北方春玉米区、黄淮海夏玉米区、西南山地丘陵玉米区、南方丘陵玉米区、西北灌溉玉米区和青藏高原玉米区等6大产区（图2-1）。

图2-1 中国玉米区划

## （一）北方春播玉米区

### 1. 分区范围

该区包括黑龙江省、吉林省、辽宁省、宁夏回族自治区、甘肃省、新疆维吾尔自治区玉米种植区的全部，北京市、河北省、陕西省北部、山西省中北部，是中国的玉米主产区之一。该区玉米播种面积约1.7亿亩，占全国玉米面积的43.1%；玉米总产量6 563.6万吨，总产量占全国的47.1%；玉米单产385千克/亩，是全国平均水平的1.1倍。

### 2. 种植制度

北方春播玉米区基本上为一年一熟制。种植方式有3种类型。

（1）玉米清种。占玉米面积的50%以上，分布在东北三省平原和内蒙古自治区、陕西省、甘肃省、山西省、河北省的北部高寒地区。由于无霜期短，气温较低，玉米为单季种植，但玉米在轮作中发挥重要作用，通常与春小麦、高粱、谷子和大豆等作物轮作。

（2）玉米大豆间作。约占本区面积40%左右，是东北地区玉米种植的主要形式。玉米大豆间作，充分利用两种作物形态及生理上的差异，合理搭配，提高了对光能、水分、土壤和空气资源的利用率。玉米大豆间作一般可以增产粮豆20%左右。

（3）春小麦套种玉米。70年代以后，在陕西省北部、山西省北部和辽宁省、甘肃省、内蒙古自治区部分水肥条件较好的地区逐渐形成春小麦套种玉米的种植方式。主要采用宽畦播种小麦，畦埂套种或育苗移栽春玉米的方式，一般可增产20%~30%。

### （二）黄淮海夏播玉米区

1. 分区范围

涉及黄河流域、淮河流域和海河流域，包括山东省、河南省、天津市的全部，河北省中南部、北京市部分、山西省中南部、陕西省中南部，安徽省和江苏省淮河以北区域，是全国最大的玉米集中产区。该区玉米播种面积约1.45亿亩，占全国玉米面积的36.8%；玉米总产量5 033.3万吨，总产量占全国的36.1%；玉米单产346千克/亩，相当于全国平均水平的98.3%。

2. 种植制度

本区属于一年两熟生态区，玉米种植方式多种多样，间套复种并存。其中小麦、玉米两茬套种占60%以上。

（1）小麦玉米两茬复种。曾经是20世纪50年代黄淮海平原地区的主要种植方式，70年代在北部地区逐渐被套种玉米所取代，到80年代随着水肥条件的改善和适应机械化作业的要求，两茬复种又有所发展。

（2）小麦玉米两茬套种。主要有4种套种形式。①平播套种。在黄淮海平原南部地区分布较多，包括山东省南部，河北省石家庄以南和河南省北部及陕西省关中地区都采用这种方式。其特点是小麦密播，不专门预留套种行，或只留30厘米的窄行。通常麦收前7~10天套种玉米。②窄带套种。麦田做成1.5米宽的畦状，内种6~8行小麦，占地约1米，预留0.5米的畦埂，麦收前一个月套种2行晚熟玉米。麦收以后，玉米成为宽窄行分布。③中带套种。也叫小畦大背套种法。两米宽的畦内机播8~9行小麦，预留约70厘米套种两行玉米。一般麦收前30~40天套种晚熟玉米。④宽带套种。畦宽约3米，机播14~16行小麦，麦收前25~35天在预留田埂上套种2行中熟玉米品种。麦收后在宽行间套种玉米、豆类、薯类或绿肥等作物。

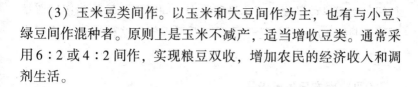

（3）玉米豆类间作。以玉米和大豆间作为主，也有与小豆、绿豆间作混种者。原则上是玉米不减产，适当增收豆类。通常采用6：2或4：2间作，实现粮豆双收，增加农民的经济收入和调剂生活。

### （三）西南山地玉米区

**1. 分区范围**

西南山地玉米区也是中国的玉米主要产区之一，包括重庆市、四川省、云南省、贵州省、广西壮族自治区的全部，湖南省、湖北省西部。该区玉米播种面积约6 202.1万亩，占全国玉米面积的15.78%；玉米总产量1 819.5万吨，总产量占全国的13.1%；玉米单产293千克/亩，相当于全国平均水平的83.2%。

**2. 种植制度**

西南地区地形复杂，农作物种类较多，以水稻、玉米、小麦和薯类为主。间作套种是本区玉米种植的重要特点，种植方式复杂多样。种植制度从一年一熟到一年多熟兼而有之。基本方式有3种。

（1）麦玉薯旱三熟制。在四川省、云南省和贵州省海拔600米以下的丘陵山区，经常发生夏旱和伏旱。在冬小麦播种时预留空行，麦收前35～40天套种春玉米，麦收后又在玉米行之间起埂栽插甘薯，避开了夏旱和伏旱，充分利用降雨，并提高了光能利用率。

（2）小麦或马铃薯套种玉米。在海拔800米以上、生长期较短的丘陵高寒地区，每年种植一季有余，种植两季又显不足。自1970年以来发展小麦或马铃薯与玉米两茬套种，解决了两熟稳产和均衡利用光、热资源问题，在云南省中、北部推广种植约300万亩，一般比单种玉米增产30%左右。

（3）小麦—玉米—水稻间套种，并与双季稻轮作。西南双季稻产区，实行小麦—玉米—水稻间套种，把玉米提前套种在小麦行间，实现早种早收，可比早稻稳产。同时，一季晚稻还比双季稻提早栽插 10 多天，避开了后期低温天气。这种方式还兼有水旱轮作的优点。

### （四）南方丘陵玉米区

1. 分区范围

南方丘陵玉米区的分布范围很广，包括广东省、海南省、福建省、浙江省、江西省、台湾省等地的全部，江苏省、安徽省的南部，广西壮族自治区、湖南省、湖北省的东部，是中国水稻的主产区，玉米种植面积很少，每年 1 000 多万亩，占全国 3%，产量占 2.2%。

2. 种植制度

本地区历来实行多熟制，从一年两熟到三熟或四熟制，常年都可种植玉米，但主要作为秋冬季栽培。代表性的种植方式有：小麦—玉米—棉花（江苏省）；小麦（或油菜）—水稻—秋玉米（浙江省、湖北省）；春玉米—晚稻（江西省）；早稻—中稻—玉米（湖南省）；春玉米（套种绿肥）—晚稻（广西壮族自治区）；双季稻—冬玉米（海南省）。

本区秋玉米主要分布在浙江省、江西省、湖南省和广西壮族自治区的部分地区，常作为三熟制的第三季作物，兼有水旱轮作的效果。冬玉米主要分布在海南省、广东省、广西壮族自治区和福建省的南部地区，20 世纪 60 年代以后发展成为玉米、高粱等旱地作物的南繁育种基地，80 年代以后又逐渐成为我国反季节瓜菜生产基地。玉米在多熟制中成为固定作物，也是水旱轮作的重要成分。

本地区具有育苗移栽玉米的丰富经验，例如，浙江省、江西省、湖南省等省秋玉米区，一般采用营养钵育苗，收获中稻后及时移栽玉米，能显著提高玉米产量。

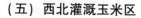

### （五）西北灌溉玉米区

**1. 分区范围**

西北灌溉玉米区包括新疆维吾尔自治区的全部，甘肃省的河西走廊和宁夏回族自治区的河套灌溉。属大陆性干燥气候带，降水稀少，种植业完全依靠融化雪水或河流灌溉系统。随着农田灌溉面积的增加，自20世纪70年代以来玉米面积逐渐扩大，每年约1 000万亩，占全国玉米面积的3%左右。

**2. 种植制度**

主要是一年一熟春播玉米，也有少量的小麦—玉米套种。不论哪一种种植方式，玉米的产量和质量都很高。

### （六）青藏高原玉米区

**1. 分区范围**

青藏高原玉米区包括青海和西藏自治区，是我国牧区和林区，玉米是该区新兴的农作物之一，栽培历史很短，种植面积不大，不足全国玉米种植面积的1%。

**2. 种植制度**

主要是一年一熟制春玉米，并采用地膜覆盖。

# 二、玉米规模生产品种选择

选用具有优良生产性能和加工品质的品种，是玉米生产的第一步，也是实现高产丰收的重要前提。目前，市场上的玉米品种较多，生产中经常有品种选择不当或劣质种子导致减产甚至绝收的事情发生。因此选择合适的优良品种和种子至关重要。

### （一）玉米种子质量与选择

1. 种子的质量指标

国家对玉米种子的纯度、净度、发芽率和水分 4 项指标做出了明确规定，具体指标如表 2 – 1 所示。我国对玉米杂交种子的检测监督采用了"限定质量下限"的方法，即达不到规定的二级种子的指标，原则上不能作为种子出售。

表 2 – 1　玉米种子的主要质量指标

| 项目<br>种子级别 | 纯度（%） | 净度（%） | 发芽率（%） | 水分（%） |
|---|---|---|---|---|
| 一级种子 | ≥98 | ≥98 | ≥85 | ≤13 |
| 二级种子 | ≥96 | ≥98 | ≥85 | ≤13 |

2. 劣质种子的类型

劣质种子分 5 种类型：一是质量低于国家规定的种用标准；二是质量低于标签标注的指标；三是因变质不能作种子使用；四是杂草种子的比率超过规定；五是带有国家规定检疫对象的有害生物。

3. 玉米种子的选择

（1）选择正规经营部门销售的种子。购买玉米种子时，选择到"三证一照"齐全的经营部门购买，所谓"三证一照"是指种子部门发的"生产许可证"、"种子合格证"、"种子经营许可证"及工商行政管理部门发的"营业执照"。"三证一照"齐全的单位，一般注重维护自己的品牌和信誉，销售的种子质量可靠些，一旦种子质量出现问题，能够支付起一定的经济赔偿。购种的同时索取发票，以备将来发生质量问题的投诉。

（2）选择正规商家生产的玉米种子。种子应有较好的包装，包装袋内应该有标签，标签上详细标明生产厂家、质量标准、生

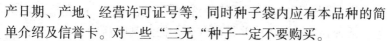

产日期、产地、经营许可证号等，同时种子袋内应有本品种的简单介绍及信誉卡。对一些"三无"种子一定不要购买。

（3）劣质种子的识别。一是纯度鉴别，任意取 100 粒种子，如果其大小、色泽、粒型相差达 8∶2，说明这个种子的混杂率达 20% 以上，有较大的假劣可能性，一般不要购买。

二是净度鉴别，烂粒、小于正常籽粒一半的种子及其他沙、泥等重量超过总重量的 2%，则说明该批种子净度不合格。

三是发芽率的感官鉴别，种子表面有灰霉，色泽暗淡，一般多为陈种或晒种时被雨淋湿过，发芽率就会差一些。凡是当年生产的种子，用牙一咬，可发出清脆的断裂声，这样的种子发芽率一般不会有问题，否则一咬就扁，种子芽率就可能存在问题。

四是水分鉴别，可将手插入种子袋，根据感觉判断种子的干湿度。或者用牙咬，凡是无味且有清脆的感觉是比较干的，反之，有阴沉潮湿的感觉且味不正，说明种子较潮湿。另外，可抓一些种子放在手中搓几下，发出清脆而唰唰的声音是较干的，反之是湿的。或者用指甲掐籽粒的果柄处，硬而脆，说明水分达标，否则种子含水量超标，不宜长时间保存。

4. 玉米种子活性及发芽率的鉴定

（1）外观目测法。用肉眼观察玉米种胚形状和色泽。凡种胚凸出或皱缩、显黑暗无光泽的，则种子新鲜，生命力强，可作生产用种。

（2）浸种催芽法。先将 100 粒种子用水浸约两小时吸胀，放于湿润草纸上，盖以湿润草纸，置于氧气充足，室温 10~20℃ 环境中，让种子充分发芽；以发芽的种子粒数除以 100，再乘以 100，冠以百分号，求得发芽率。这种测定方法虽然准确，但需要 8 天时间。

（3）红墨水染色法。以一份市售红墨水加 19 份自来水配成染色剂；随机抽取 100 粒玉米种子，用水浸泡 2 小时，让其吸胀；用镊子把吸胀的种胚、乳胚一一剥出；将处理后种子均匀置于培养器内，注入染色剂，以淹没种子为度，染色 15~20 分钟后，倾出染色剂，用自来水反复冲洗种子。死种胚、胚乳呈现深红色，活种胚不被染色或略带浅红色，据此判断活种子数，以此除以100，乘以100%，则为发芽率。

## （二）2014 年农业部主导玉米品种

根据《农业主导品种和主推技术推介发布办法》，农业部于2014 年3 月4 日发布了《农业部办公厅关于推介发布2014 年主导品种和主推技术的通知》，遴选了三大玉米主产区2014 年31个农业主导品种。

1. 黄淮海地区

（1）郑单958。河南省农业科学院粮食作物研究所于1996 年选育而成，2000 年通过全国农作物品种审定委员会审定。属中熟紧凑型玉米品种。植株高度在241 厘米左右，穗位高104 厘米左右，抗大、小斑病及黑粉病、粗缩病，高抗矮花叶病，抗倒伏。适宜种植区域广，北方春玉米区和黄淮海平原夏玉米区均可种植。黄淮海夏玉米区中等以上肥力地块种植。

（2）浚单20。河南省浚县农业科学研究所选育，2003 年通过农业部、河南省、河北省审定。株高242 厘米，穗位高106 厘米，高抗矮花叶病，适宜在河南省、山东省、河北省中南部、陕西省、安徽省、江苏省、山西省运城夏播区，以及内蒙古自治区≥10℃活动积温3 000℃以上地区种植。

（3）鲁单981。由山东省农业科学院育成，是经全国农作物品种审定委员会审定的中早熟、超高产玉米新品种。株高280 厘米，穗位高120 厘米左右，高抗玉米叶斑病、茎腐病、粗缩病、黑粉病、青枯病，抗旱性强，抗倒伏，抗玉米螟，活秆成熟。适宜在山东省、河南省、河北省、陕西省、安徽省、江苏省、山西省运城夏播区种植。

（4）金海5 号。由莱州市金海作物研究所选育的中晚熟、大穗型玉米杂交种。该品种株型紧凑，抗病性、抗倒伏性、抗旱性

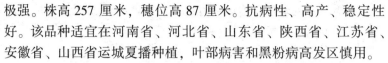

极强。株高 257 厘米，穗位高 87 厘米。抗病性、高产、稳定性好。该品种适宜在河南省、河北省、山东省、陕西省、江苏省、安徽省、山西省运城夏播种植，叶部病害和黑粉病高发区慎用。

（5）中科 11 号。由北京中科华泰科技有限公司、河南科泰种业有限公司选育。通过国家玉米品种审定。竖叶中大穗型超高产品种。株高 250 厘米，穗位高 110 厘米。抗青枯病，中抗大、小斑病、黑粉病，高抗矮花叶病，抗玉米螟，抗倒性中上。适宜在河北省、河南省、山东省、陕西省、安徽省北部、江苏省北部、山西省运城夏玉米区种植。

（6）蠡玉 16。1999 年河北省蠡县玉米研究所杂交选育而成，2003 年 3 月河北省品种审定委员会审定通过。株型半紧凑，株高 265 厘米左右，穗位高 118 厘米左右。属中熟杂交种。高抗矮花叶病、粗缩病、黑粉病、茎腐病；抗小斑病，抗弯孢菌叶斑病，中抗茎腐病，高抗黑粉病、矮花叶病，抗玉米螟。适宜河北省、陕西省、安徽省、河南省、北京市夏玉米区，吉林省中晚熟区及内蒙古自治区≥10℃活动积温 3 000℃以上地区种植。

（7）中单 909。由中国农业科学院作物科学研究所育成，并通过国家农作物品种审定委员会审定、黑龙江省第一积温带审定及内蒙古自治区自治区认定。株型紧凑，株高 250 厘米，穗位高 100 厘米。中抗弯孢菌叶斑病，感大斑病、小斑病、茎腐病和玉米螟，高感瘤黑粉病。适宜在河南省、山东省（滨州除外）、陕西省关中灌区、山西省运城、江苏省北部、安徽省北部（淮北市除外）夏播种植。瘤黑粉病高发区慎用。

（8）登海 605。山东省登海种业股份有限公司科研育种团队选育的杂交玉米新品种，2010 年 9 月经第二届国家农作物品种审定委员会第四次会议审定通过。株型紧凑，株高 259 厘米，穗位高 99 厘米，高抗茎腐病，中抗玉米螟，感大斑病、小斑病、矮花叶病和弯孢菌叶斑病，高感瘤黑粉病、褐斑病和南方锈病。适宜在山东省、河南省、河北省中南部、安徽省北部、山西省运城地区夏播以及内蒙古自治区适宜区域、陕西省、浙江省种植,褐斑病、南方锈病重发区慎用。

(9) 伟科 702。由郑州伟科作物育种科技有限公司、河南金苑种业有限公司选育,2012 通过国家三大玉米主产区审定。紧凑型,株高 260 厘米,穗位 94 厘米。中抗大斑病、弯孢菌叶斑病、丝黑穗病,高抗茎腐病,中抗玉米螟。适宜在吉林省晚熟区、山西省中晚熟区、内蒙古自治区通辽和赤峰地区、陕西省延安地区、天津市春播种植;河南省、河北省保定及以南地区、山东省、陕西省关中灌区、江苏省北部、安徽省北部夏播种植;甘肃省、宁夏回族自治区、新疆维吾尔自治区、陕西省榆林、内蒙古自治区西部春播种植。

(10) 京单 58。由北京市农林科学院玉米研究中心选育,2010 年通过国家审定。株型紧凑,株高 240 厘米,穗位高 90 厘米,抗小斑病,中抗大斑病和茎腐病,感矮花叶病,高感弯孢菌叶斑病和玉米螟。适宜在北京市、天津市和河北省的廊坊、沧州北部、保定北部夏播种植。

(11) 苏玉 29。由江苏省农业科学院粮食作物研究所选育。株高 230 厘米,穗位高 95 厘米,中抗茎腐病,感大斑病、小斑病和纹枯病,高感矮花叶病和玉米螟。适宜在江苏省、安徽省作春、夏播种植和江西省、福建省春播种植。

2. 西南地区

(1) 川单 189。由四川业大学玉米研究所、中国农业科学院作物科学研究所玉米中心、四川川单种业有限责任公司选育。株高 222 厘米,穗位高 86 厘米,抗纹枯病,中抗大斑病、茎腐病和丝黑穗病,感小斑病。适宜在四川省、贵州省(毕节除外)、云南省(曲靖除外)的平坝丘陵和低山区春播种植。茎腐病高发区慎用。

(2) 东单 80。由辽宁省东亚种业有限公司选育,2007 年通过国家审定。株高 255～300 厘米,穗位高 96～130 厘米。高抗纹枯病、茎腐病和玉米螟；抗大斑病；中抗灰斑病、丝黑穗病和弯孢菌叶斑病。适宜在辽宁省、吉林省晚熟区、北京市、天津市、河北省北部、山西省春播和云南省、贵州省、四川省、重庆市、湖南省、湖北省、广西壮族自治区的平坝丘陵和低山区种植，注意防治地下害虫。

（3）雅玉889。由四川雅玉科技开发有限公司选育，2008年通过云南省审定。株型半紧凑，平均生育期135天左右，主茎总叶片数20~21。高抗大斑病，高抗小斑病，抗锈病，抗丝黑穗病，中抗灰斑病，中抗茎腐病，中抗弯孢菌叶斑病，高感穗腐病，高感纹枯病。适宜贵州省的贵阳市、遵义市、安顺市、铜仁地区、毕节地区、六盘水市、黔西南州的中上等肥力土壤种植；云南省海拔800~1 700米玉米产区中、上等肥力地块及中北部海拔1 800~2 200米春播玉米产区种植。

（4）成单30。由四川省农业科学院作物所选育。株高276厘米，穗位高110厘米。株型半紧凑。抗大斑病、纹枯病、茎腐病，中抗小斑病、丝黑穗病。适宜在四川省平坝、丘陵和底山区种植，与麦苕间套种或净作均可。

（5）中单808。由中国农业科学院作物科学研究所选育，2006年通过国家审定。株型半紧凑，株高260~300厘米，穗位高120~140厘米。抗茎腐病，中抗大斑病、小斑病、纹枯病和玉米螟，感丝黑穗病。适宜在四川省、云南省、湖南省春播种植，注意防止倒伏。

（6）桂单0810。由广西壮族自治区农业科学院玉米研究所、广西兆和种业有限公司选育，2012年通过广西壮族自治区审定。株型平展，株位高275.3厘米，穗高118.5厘米。中抗大斑病，中抗小斑病，抗纹枯病，中抗锈病。适宜广西壮族自治区全区种植。

（7）荃玉9号。由四川省农业科学院作物研究所选育，2011年通过国家审定。株型半紧凑，株高271厘米，穗位高109厘米。

中抗大斑病，感小斑病、丝黑穗病、茎腐病、纹枯病和玉米螟。适宜在重庆市、湖南省、四川省（雅安除外）、贵州省（铜仁除外）、陕西省汉中地区的平坝丘陵和低山区春播种植。

（8）云瑞88。由云南省农业科学院粮食作物研究所选育，2009年通过云南省审定。株型半紧凑，株高穗位高适中，果穗长。高抗矮花叶病，抗大斑病、小斑病、中抗灰斑病、穗腐病、感茎腐病、丝黑穗病和玉米螟。适宜云南省中北部曲靖、昭通、昆明、大理、楚雄、丽江等地海拔900～1900米的相似生态区种植。

（9）苏玉30。由江苏省沿江地区农业科学研究所选育，2011年通过国家审定。株型半紧凑，株高238厘米，穗位高99厘米。抗大斑病和小斑病，感纹枯病，高感茎腐病、矮花叶病和玉米螟。适宜在江苏省中南部、安徽省南部、江西省、福建省、广东省、浙江省春播种植。茎腐病、矮花叶病高发区慎用。

3. 北方地区

（1）吉单27。由吉林省吉农高新技术发展股份有限公司、北方农作物优良品种开发中心选育。株高260厘米左右，穗位高95厘米高抗玉米丝黑穗病、弯孢菌叶斑病和玉米螟。适宜在吉林省东、西部早熟区及黑龙江省第二积温带上限种植。

（2）辽单565。由辽宁省农业科学院玉米所育成。株高260厘米，穗位96厘米，株型紧凑。高抗玉米各种叶部病害及丝黑穗病、瘤黑粉病和茎腐病，抗倒伏，活秆成熟。适宜在辽宁省、吉林省、黑龙江省、内蒙古自治区通辽地区本玉9号品种种植区域和北京市、河北省唐山市、内蒙古自治区审（认）定确定的区域种植。

（3）兴垦3号。中晚熟品种，内蒙古丰垦种业有限责任公司玉米研究所选育，2006年通过国家审定。成株高243～250厘米，穗位高95厘米左右，株型半紧凑。抗倒伏，活秆成熟，抗旱性、抗病性好。适宜在辽宁省东部山区、吉林省东部中晚熟区、黑龙江省第一积温带上限、内蒙古自治区赤峰地区四单 19 品种种植区域和黑龙江省、内蒙古自治区审（认）定种植确定的区域种植，注意防治玉米螟虫。

（4）农华 101。由北京金色农华种业科技有限公司选育，2010 年通过国家审定。株型紧凑，株高 296 厘米，穗位高 101 厘米。抗灰斑病、中抗丝黑穗病、茎腐病、弯孢菌叶斑病和玉米螟，感大斑病。适宜在北京市、天津市、河北省北部、山西省中晚熟区、辽宁省中晚熟区、吉林省晚熟区、内蒙古自治区赤峰地区、陕西省延安地区春播种植，山东省、河南省（不含驻马店）、河北省中南部、陕西省关中灌区、安徽省北部、山西省运城地区夏播种植。

（5）京科 968。由北京市农林科学院玉米研究中心选育，2011 年通过国家审定。株型半紧凑，株高 296 厘米，穗位高 120 厘米。高抗玉米螟、中抗大斑病、灰斑病、丝黑穗病、茎腐病和弯孢菌叶斑病。适宜在北京市、天津市、山西省中晚熟区、内蒙古自治区赤峰和通辽、辽宁省中晚熟区（丹东除外）、吉林省中晚熟区、陕西省延安和河北省春播区等区域种植。

（6）龙单 59。由黑龙江省农业科学院玉米研究所选育，2010 年通过黑龙江省审定。株高 240 厘米，穗位高 75 厘米。适宜区域为黑龙江省第二积温带下限及第三积温带上限。

（7）利民 33。由吉林省由松原市利民种业有限公司选育，通过内蒙古自治区审定。紧凑型，株高 250～260 厘米，穗位高 75～80 厘米。抗大斑病、感弯孢菌叶斑病、感丝黑穗病、高抗茎腐病、抗玉米螟。适宜在内蒙古自治区呼和浩特市、鄂尔多斯市、赤峰市、兴安盟≥10℃活动积温 2 750℃以上地区种植。

（8）德美亚 1 号。由黑龙江省垦丰种业有限公司从德国 KWS 公司引进，2004 年通过黑龙江省审定。早熟玉米三交种，株高 270 厘米，穗位高 100 厘米。适宜黑龙江省第三积温区下限和四积温区上限、内蒙古自治区≥10℃活动积温 2 200℃以上地区和吉林省延边地区的早熟区种植。

（9）京科糯2000。由北京市农林科学院玉米研究中心选育成功、并于2006年通过国家审定、2005年在韩国通过审定的高产、稳产、抗病、优质糯玉米新品种。株型半紧凑，株高250厘米，穗位高115厘米。中抗大斑病和纹枯病，感小斑病、丝黑穗病和玉米螟，高感茎腐病。适宜在北京市、吉林省、上海市、福建省、四川省、重庆市、湖南省、湖北省、云南省、贵州省作鲜食糯玉米品种种植。茎腐病重发区慎用，注意适期早播和防止倒伏。

（10）KWS2564。由德国KWS种子股份有限公司选育，2005年新疆维吾尔自治区自治审定。株型紧凑，株高290厘米，穗位高129厘米。抗大斑病，高抗红叶病，中抗茎腐病，感玉米丝黑穗病，高感玉米矮花叶病。适宜新疆维吾尔自治区原SC704玉米种植区域种植及甘肃省酒泉、兰州、武威、平凉等地玉米矮花叶病和丝黑穗病不发生地块种植；宁夏回族自治区中部干旱带引黄灌区单种，需≥10℃有效积温2650℃。

（11）良玉88。由丹东登海良玉种业有限公司选育，2008年通过辽宁省审定。株型紧凑，株高302厘米，穗位高116厘米。中抗大斑病，抗灰斑病，感弯孢菌叶斑病，中抗茎腐病，中抗丝黑穗病。辽宁省沈阳、铁岭、丹东、大连、鞍山、锦州、朝阳、葫芦岛等活动积温3000℃以上的晚熟玉米区种植，弯孢菌叶斑病高发区慎用。

# 三、玉米规模生产的种子处理技术

种子处理是指从收获到播种前对种子所采取的各种处理。包括种子精选、浸种催芽、杀菌消毒、春化处理、营养处理及各种物理、化学方法处理等。

### 1. 种子精选

选种的主要目的是提高出苗率、增加田间保苗株数。包括穗选

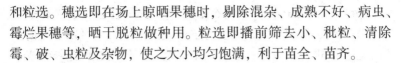

和粒选。穗选即在场上晾晒果穗时，剔除混杂、成熟不好、病虫、霉烂果穗等，晒干脱粒做种用。粒选即播前筛去小、秕粒、清除霉、破、虫粒及杂物，使之大小均匀饱满，利于苗全、苗齐。

2. 种子处理

（1）晒种。晒种是利用太阳光自外线将种子表面的细菌杀死，改善种皮的通气性，有利于种子内部渗性营养物质的形成，促进酶的活性，排出二氧化碳及各种废物，从而增强种子活力，打破休眠，提高种子发芽势，并可提早出苗 1~2 天，减轻丝黑穗病。种子晾晒要选择天气晴好的日子，气温不超过 30℃ 为宜。种子不要在水泥地上晾晒，因为水泥场上温度过高容易烫伤种子，一般是摊在干燥向阳的席上连续晒 2~3 天，期间要常翻动，晚上收回，防止受潮。

（2）浸种。浸种是将种子在某种溶液中浸泡一定时间，捞出后直接播种或阴干后再播种，根据浸种所用溶液的不同，浸种对作用也各有差异。①人尿浸种。可育肥种子，促进提早出苗、出齐苗。将腐熟人尿和水按照 1:1 重量比对好，浸泡种子 6 小时后直接播种。需要注意的是，浸后的种子要当天播完。②磷酸二氢钾浸种。磷酸二氢钾和水按照 1:500 重量比兑好后浸种 10 小时，阴干后播种。③硫酸锌浸种。可解决石灰性、轻质性和盐碱土因缺锌出现的苗期玉米"白叶病"。将硫酸锌和水按照 1:2 重量比配好后浸种 8~10 小时，阴干后播种。

（3）拌种。拌种是将某种溶液或物质拌在种子表面，再进行播种的一种技术。①过磷酸钙浸出液拌种。取优质过磷酸钙 1 千克粉末加水 5~6 千克搅拌并浸泡 24 小时后倒出浸出液，喷洒在 30~40 千克种子上拌匀，当天播完。②草木灰拌种。以草木灰拌种，即可为幼苗提供钾素，又能防病。先将 10 千克种子喷水打湿，再拌上 0.5 千克过筛的草木灰。③药剂拌种。可用 15% 粉锈宁可湿性粉剂 400~600 克拌 100 千克种子防玉米丝黑穗病，也可用 0.5% 浓度的硫酸铜水溶液拌种，可以减轻玉米黑粉病。

（4）种子包衣。种子包衣是在种子表面包上一层含有杀虫剂、杀菌剂、微肥和生长调剂为主要成分的薄膜，可以有效防治病虫害，促进种子发芽、出苗和生长发育。包衣过程是将种衣剂与种子混合搅拌，在种子外面形成厚度均匀一致的药膜，可采用人工包衣，也可采用机械包衣。

# 四、玉米规模生产肥料运筹与施用

## （一）玉米生产常用肥料性质与施用

### 1. 碳酸氢铵

（1）基本性质。又称重碳酸铵，简称碳铵。含氮16.5%～17.5%。白色或微灰色，呈粒状、板状或柱状结晶。易溶于水，化学碱性，容易吸湿结块、挥发，有强烈的刺激性臭味。

（2）施用技术。碳酸氢铵适于作基肥，也可作追肥，但要深施。旱地作基肥每亩用碳酸氢铵30～50千克，玉米的基肥，可结合耕翻进行，将碳酸氢铵随撒随翻，耙细盖严。旱地作追肥每亩用碳酸氢铵20～40千克，玉米可在株旁7～9厘米处，开7～10厘米深的沟，随后撒肥覆土。

（3）注意事项。碳酸氢铵是生理中性肥料，适用于各种土壤。碳酸氢铵养分含量低，化学性质不稳定，温度稍高易分解挥发损失。产生的氨气对种子和叶片有腐蚀作用，故不宜作种肥和叶面施肥。

### 2. 尿素

（1）基本性质。含氮45%～46%。尿素为白色或浅黄色结晶体，无味无臭，稍有清凉感；易溶于水，水溶液呈中性反应。尿素吸湿性强。由于尿素在造粒中加入石蜡等疏水物质，因此，肥料及尿素吸湿性明显下降。尿素是生理中性肥料，在土壤中不残

留任何有害物质，长期施用没有不良影响。

（2）施用技术。合理施用尿素的基本原则是：适量、适时和深施覆土。尿素适于作基肥和追肥，也可作种肥。

尿素作基肥可以在翻耕前撒施，也可以和有机肥掺混均匀后进行条施或沟施。基肥一般每亩为15～20千克与磷酸二铵共同施用。

作追肥每亩用尿素10～15千克。旱作农作物可采用沟施或穴施，施肥深度7～10厘米，施后覆土。尿素作追肥应提前4～8天。尿素最适宜作根外追肥，喷施浓度为1.5%～2.0%。

（3）注意事项。尿素是生理中性肥料，适用于各种土壤。尿素在造粒中温度过高就会产生缩二脲，甚至三聚氰酸等产物，对农作物有抑制作用。缩二脲含量超过1%时不能作种肥、苗肥和叶面肥。尿素易随水流失，水田施尿素时应注意不要灌水太多，并应结合耕田使之与土壤混合，减少尿素流失。

3. 过磷酸钙

过磷酸钙，又称普通过磷酸钙、过磷酸石灰，简称普钙。其产量占全国磷肥总产量的70%左右，是磷肥工业的主要基石。

（1）基本性质。过磷酸钙主要成分为磷酸一钙和硫酸钙的复合物，其中磷酸一钙约占其重量的50%，硫酸钙约占40%，此外5%左右的游离酸，2%～4%的硫酸铁、硫酸铝。其有效磷（$P_2O_5$）含量为14%～20%。

过磷酸钙为深灰色、灰白色或淡黄色等粉状物，或制成粒径为2～4毫米的颗粒。其水溶液呈酸性反应，具有腐蚀性，易吸湿结块。在贮运过程中要注意防潮。

（2）施用技术。过磷酸钙可以作基肥、种肥和追肥，具体施用方法如下。①集中施用。过磷酸钙不管作基肥、种肥和追肥，均应集中施用和深施。集中施用旱地以条施、穴施、沟施的效果为好，水稻采用塞秧根和蘸秧根的方法。②分层施用。在集中施用和深施原则下，可采用分层施用，即2/3磷肥作基肥深施，其余 1/3 在种植时作面肥或种肥施于表层土壤中。

（3）注意事项。过磷酸钙适宜大多数土壤。过磷酸钙不宜与碱性肥料混用。

4. 氯化钾

（1）基本性质。含钾（$K_2O$）50%～60%。一般呈白色或粉红色或淡黄色结晶，易溶于水，物理性状良好，不易吸湿结块，水溶液呈化学中性，属于生理酸性肥料。

（2）施用技术。宜作基肥深施，作追肥要早施，不宜作种肥。作基肥，通常要在播种前 10～15 天，结合耕地施入；作早期追肥，一般要求在农作物苗长大后再追。

（3）注意事项。适于大多数土壤；盐碱地不宜施用。

5. 硫酸钾

（1）基本性质。含钾（$K_2O$）48%～52%。一般呈白色或淡黄色结晶，易溶于水，物理性状好，不易吸湿结块，是化学中性、生理酸性肥料。

（2）施用技术。可作基肥、追肥、种肥和根外追肥。旱田作基肥，应深施覆土，减少钾的固定；作追肥时，应集中条施或穴施到农作物根系较密集的土层；砂性土壤一般易追肥；作种肥时，一般每亩用量 1.5～2.5 千克。叶面施用时，配成 2%～3% 的溶液喷施。

（3）注意事项。适宜各种土壤，对忌氯作物和喜硫作物（油菜、大蒜等）有较好效果；酸性土壤、水田上应与有机肥、石灰配合施用，不易在通气不良土壤上施用。

6. 磷酸二铵

（1）基本性质。磷酸二铵的分子式为（$NH_4$）$_2HPO_4$，含氮18%、五氧化二磷计46%。纯品白色，一般商品外观为灰白色或淡黄色颗粒或粉末，易溶于水，水溶液中性至偏碱，不易吸潮、结块，相对于磷酸一铵，性质不是十分稳定，在湿热条件下，氨易挥发。

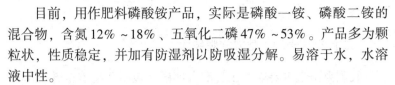

目前，用作肥料磷酸铵产品，实际是磷酸一铵、磷酸二铵的混合物，含氮12%～18%、五氧化二磷47%～53%。产品多为颗粒状，性质稳定，并加有防湿剂以防吸湿分解。易溶于水，水溶液中性。

（2）施用技术。可用作基肥、种肥，也可以叶面喷施。作基肥一般每亩用量15～25千克，通常在整地前结合耕地将肥料施入土壤；也可在播种后开沟施入。作种肥时，通常将种子和肥料分别播入土壤，每亩用量2.5～5千克。

（3）注意事项。基本适合所有作物。磷酸铵不能和碱性肥料混合施用。当季如果施用足够的磷酸铵，后期一般不需再施磷肥，应以补充氮肥为主。施用磷酸铵的作物应补充施用氮、钾肥，同时应优先用在需磷较多的作物和缺磷土壤。磷酸铵用种肥时要避免与种子直接接触。

7. 硫酸锌

（1）基本性质。一般为七水硫酸锌，分子式为$ZnSO_4 \cdot 7H_2O$。白色或淡橘红色无色斜方晶体，易溶于水。含锌20%～22%，是目前常用的锌肥品种。

（2）施用技术。可作基肥、追肥和种肥。作基肥时每亩可施用1～2千克，可与生理酸性肥料混合施用。轻度缺锌地块隔1～2年再行施用，中度缺锌地块隔年或于翌年减量施用。

作追肥主要是根外追肥，玉米的喷施浓度为0.1%～0.3%，可在玉米苗期、拔节期各喷施1次，严重缺锌的土壤需在大喇叭口期再喷施1次。也可用硫酸锌1～1.5千克或150克禾丰颗粒锌，拌细干土10～15千克，苗期至拔节期条施或穴施。

作种肥主要是拌种。每千克种子用硫酸锌4～6克，先将硫酸锌溶于水中，一般肥液占种子重量的7%～10%，均匀喷洒在种子上，待阴干后播种。

（3）注意事项。作基肥每亩施用量不超过2千克；喷施浓度不易过高，要均匀喷施在叶片上；锌肥不要和碱性肥料、碱性农药混合。

**（二）夏玉米测土配方施肥技术**

我国夏玉米主要集中在黄淮海地区，包括河南省全部、山东省全部、河北省中南部、陕西省中部、山西省南部、江苏省北部、安徽省北部等。另外，西南地区、西北地区和南方丘陵区等也有广泛种植。

1. 夏玉米施肥用量推荐

（1）河南省夏玉米。河南省夏玉米分区氮肥、磷肥、钾肥推荐量如表2-2、表2-3和表2-4所示。建议每亩底施硫酸锌1~2千克。

**表2-2 河南省夏玉米分区亩氮肥推荐用量** （千克）

| 区域 | 产量水平（千克/亩） | | | | |
|---|---|---|---|---|---|
| | <400 | 400~600 | 600~700 | 700~800 | >800 |
| 豫北 | 8~12 | 12~14 | 14~16 | 16~18 | 20~22 |
| 豫东 | 10~12 | 12~14 | 14~16 | 18~21 | 22~24 |
| 豫中南 | 8~10 | 10~12 | 12~14 | 15~18 | 18~20 |
| 豫西南 | 7~9 | 9~12 | 12~14 | 13~16 | 16~18 |
| 豫西水浇地 | 8~10 | 10~12 | 12~14 | 16~18 | 18~20 |
| 豫西旱地 | 7~8 | 8~10 | | | |

**表2-3 河南省夏玉米分区亩磷肥推荐用量** （千克）

| 速效磷<br>（P，毫克/千克） | 产量水平（千克/亩） | | | | |
|---|---|---|---|---|---|
| | <400 | 400~600 | 600~700 | 700~800 | >800 |
| <7 | 2~3 | 3~5 | — | — | — |
| 7~14 | 1~2 | 2~3 | 4~5 | — | — |
| 15~20 | 0 | 0~2 | 3~4 | 4~6 | 5~8 |
| >20 | 0 | 0 | 0~3 | 2~4 | 3~5 |

**表 2 - 4　河南省夏玉米分区亩钾肥推荐用量**　　　　（千克）

| 速效磷（K，毫克/千克） | 产量水平（千克/亩） | | | | |
|---|---|---|---|---|---|
| | < 400 | 400 ~ 600 | 600 ~ 700 | 700 ~ 800 | > 800 |
| < 80，连续还田 3 年以上 | 0 | 0 ~ 3 | 3 ~ 4 | 3 ~ 6 | 6 ~ 8 |
| < 80，没有或还田 3 年以下 | 2 ~ 3 | 3 ~ 4 | 4 ~ 5 | 6 ~ 8 | 8 ~ 10 |
| ≥ 80，连续还田 3 年以上 | 0 | 0 ~ 2 | 2 ~ 4 | 4 ~ 5 | 5 ~ 6 |
| ≥ 80，没有或还田 3 年以下 | 0 ~ 2 | 2 ~ 3 | 3 ~ 5 | 4 ~ 6 | 6 ~ 8 |

（2）山东省夏玉米。山东省夏玉米土壤养分状况及推荐施肥量如表 2 - 5 和表 2 - 6 所示。

**表 2 - 5　山东省夏玉米土壤养分状况**

| 土壤肥力 | 有机质（克/千克） | 碱解氮（毫克/千克） | 速效磷（毫克/千克） | 速效钾（毫克/千克） |
|---|---|---|---|---|
| 高产田 | 12 ~ 14 | 100 ~ 120 | 20 ~ 30 | 120 ~ 150 |
| 中高产田 | 11 ~ 13 | 80 ~ 100 | 18 ~ 25 | 100 ~ 130 |
| 中产田 | 8 ~ 11 | 70 ~ 90 | 15 ~ 20 | 90 ~ 110 |
| 低产田 | 8 ~ 10 | 50 ~ 70 | 10 ~ 15 | 80 ~ 100 |

**表 2 - 6　山东省夏玉米推荐施肥量**　　　　（千克/亩）

| 土壤肥力 | 目标产量 | N | $P_2O_5$ | $K_2O$ |
|---|---|---|---|---|
| 高产田 | > 600 | 16 | 3 ~ 6 | 6 ~ 8 |
| 中高产田 | 500 ~ 600 | 14 ~ 16 | 2 ~ 4 | 6 ~ 8 |
| 中产田 | 400 ~ 500 | 12 ~ 14 | 0 ~ 2.5 | 5 ~ 6 |
| 低产田 | < 400 | 10 ~ 12 | 0 | 0 ~ 5 |

（3）河北省夏玉米。河北省夏玉米推荐施肥量如表 2 - 7 所示。

**表 2 - 7　河北省夏玉米推荐施肥量**

| 土壤有机质含量（%） | > 2 | 1.5 ~ 2 | 1 ~ 1.5 | < 1 |
|---|---|---|---|---|
| 目标产量（千克/亩） | 650 | 600 | 550 | 500 |

（续表）

| 土壤速效氮（毫克/千克） | | >80 | 70~80 | 60~70 | <60 |
|---|---|---|---|---|---|
| 亩施纯氮<br>（千克） | 目标产量650千克 | 17 | — | — | — |
| | 目标产量600千克 | 15 | 17.5 | 20.5 | — |
| | 目标产量550千克 | 12.5 | 15 | 18 | 21 |
| | 目标产量500千克 | — | — | 15.5 | 18 |
| 土壤速效磷（毫克/千克） | | >20 | 15~20 | 10~15 | <10 |
| 亩施五氧化<br>二磷（千克） | 目标产量650千克 | 1.5 | — | — | — |
| | 目标产量600千克 | 1 | 2.5 | 4.7 | — |
| | 目标产量550千克 | 0 | 1.8 | 4 | 6 |
| | 目标产量500千克 | — | — | 3.2 | 5 |
| 土壤速效钾（毫克/千克） | | >120 | 100~120 | 80~100 | <80 |
| 亩施氧化<br>钾（千克） | 目标产量650千克 | 2 | — | — | — |
| | 目标产量600千克 | 0 | 3.5 | 7 | — |
| | 目标产量550千克 | 0 | 1.6 | 5 | 8 |
| | 目标产量500千克 | — | — | 3 | 7 |

（4）山西省夏玉米。山西省夏玉米推荐施肥量如表2-8所示。

表2-8 山西省夏玉米推荐施肥量

| 配方区 | 配方亚区 | 土壤养分状况 | | | 产量（千克/亩） | | 化肥用量（千克/亩） | | | | | |
|---|---|---|---|---|---|---|---|---|---|---|---|---|
| | | 有机质（%） | 速效磷（毫克/千克） | 速效钾（毫克/千克） | 前3年平均产量 | 目标产量 | N | | | $P_2O_5$ | | $K_2O$ |
| | | | | | | | 基肥 | 种肥 | 追肥 | 基肥 | 种肥 | 基肥 |
| 晋中区 | 平川水地高产 | >0.9 | 7.0左右 | >150 | 500左右 | 500~600 | 7~8.5 | | 4~5 | 5~7 | | 6~10 |
| | 平川水地中产 | 0.7~0.9 | 5.0左右 | <150 | 300~450 | 400~500 | 6~7 | | 3~4.5 | 5~7 | | 3~6 |
| | 丘陵旱塬 | 0.6~0.8 | 3~7 | 150左右 | 300左右 | 350~450 | 8~9 | | | 4~5 | | 1 |
| 晋东南区 | 平川水地高产 | >1.7 | 8~20 | >200 | 400 | 450~500 | 7~9 | | | 4~5 | 6~7.5 | 3~5 |
| | 平川水地中产 | 1.3~1.7 | 6~15 | 150~200 | 300 | 350~450 | 6~8 | | 3~5 | 5~7 | | 3 |
| | 旱塬梯田 | 1.3~2.0 | 4~13 | <150 | 200 | 250~350 | 7~9 | | | 4~6 | | |

（续表）

| 配方区 | 配方亚区 | 土壤养分状况 | | | 产量（千克/亩） | | 化肥用量（千克/亩） | | | | | |
|---|---|---|---|---|---|---|---|---|---|---|---|---|
| | | 有机质（%） | 速效磷（毫克/千克） | 速效钾（毫克/千克） | 前3年平均产量 | 目标产量 | N | | | P₂O₅ | | K₂O |
| | | | | | | | 基肥 | 种肥 | 追肥 | 基肥 | 种肥 | 基肥 |
| 晋南区 | 平川水地 | >1.0 | 5~10 | >120 | 400~500 | 450~600 | 1 | | 10~14 | | 2 | 4~10 |
| | | 1.0左右 | 3~5 | <120 | 200~350 | 350~400 | 1 | | 7~8.5 | | 2 | 4~8 |
| | 旱塬 | 1.0左右 | 5.0左右 | 120左右 | 200~250 | 250~350 | 1 | | 5~7 | | 2 | |

化肥用量中的 N 列用 $P_2O_5$ 和 $K_2O$ 表示。

（5）湖北省夏玉米。湖北省夏玉米土壤养分状况及在施用有机肥 2 000~3 000 千克基础上，推荐施肥量如表 2-9 和表 2-10 所示。

**表 2-9　湖北省夏玉米土壤养分状况**

| 土壤肥力 | 有机质（%） | 碱解氮（毫克/千克） | 速效磷（毫克/千克） | 速效钾（毫克/千克） |
|---|---|---|---|---|
| 高产田 | >3.0 | >110 | >22 | >105 |
| 中高产田 | 2.0~3.0 | 60~110 | 15~22 | 70~105 |
| 中产田 | 0.5~2.0 | 40~60 | 5~15 | 18~70 |
| 低产田 | <0.5 | <40 | <5 | <18 |

**表 2-10　湖北省夏玉米推荐施肥量　　　　（千克/亩）**

| 土壤肥力 | 目标产量 | N | P₂O₅ | K₂O |
|---|---|---|---|---|
| 高产田 | >600 | 17 | 2~4 | 3~8 |
| 中高产田 | 500~600 | 15~17 | 3~6 | 5~8 |
| 中产田 | 400~500 | 12~13 | 3~6 | 3~7 |
| 低产田 | <400 | 12 | 1.8~3.5 | 3~5 |

（6）陕西省夏玉米。陕西省夏玉米土壤养分状况及在施用有机肥 2 000~3 000 千克基础上，推荐施肥量如表 2-11 和表 2-12 所示。

**表 2-11　陕西省夏玉米土壤养分状况**

| 土壤肥力 | 有机质（%） | 碱解氮（毫克/千克） | 速效磷（毫克/千克） | 速效钾（毫克/千克） |
|---|---|---|---|---|
| 高产田 | 1.2~1.3 | 65~85 | 24~30 | 125~140 |
| 中产田 | 0.98~1.10 | 48~65 | 17~19 | 115~125 |

（续表）

| 土壤肥力 | 有机质（%） | 碱解氮（毫克/千克） | 速效磷（毫克/千克） | 速效钾（毫克/千克） |
|---|---|---|---|---|
| 低产田 | 0.80 ~ 0.87 | 40 ~ 50 | 14 ~ 17 | 100 ~ 115 |

表 2 – 12　陕西省夏玉米推荐施肥量　（千克/亩）

| 土壤肥力 | 目标产量 | N | $P_2O_5$ | $K_2O$ |
|---|---|---|---|---|
| 高产田 | >600 | 17 | 2 ~ 4 | 3 ~ 8 |
| 中高产田 | 500 ~ 600 | 15 ~ 17 | 3 ~ 6 | 5 ~ 8 |
| 中产田 | 400 ~ 500 | 10 ~ 13 | 3 ~ 6 | 3 ~ 7 |
| 低产田 | <400 | 12 | 1.8 ~ 3.5 | 3 ~ 5 |

2. 夏玉米施肥时期与方法

（1）施足基肥。施肥配方中磷、钾肥全作基肥；氮肥 60% 作基肥。对于保水保肥性能差的土壤以作追肥为主。基肥要均匀撒于地表，随耕翻入 20 厘米深的土壤中。

（2）巧施种肥。从施肥配方中拿出纯氮 1 ~ 1.5 千克，五氧化二磷 3 千克，氧化钾 1 ~ 1.5 千克作种肥，条施或穴施。严禁与种子接触，为培养壮苗打基础。

（3）用好追肥。追肥主要是氮肥，基肥中没有施磷、钾肥的也可早追。追肥分为苗肥、拔节肥、攻穗肥 3 种。苗肥要轻，保证苗齐、苗壮。拔节肥指从玉米拔节到小喇叭口期这一时期的追肥，一般占追肥量的 40%。攻穗肥指玉米大喇叭口期追施的肥料，一般占追肥量的 60%。追肥的方法可条施，也可穴施，施肥深度 15 厘米左右，施后要及时覆土。

（4）活用根外追肥。常在缺素症状出现时或根系功能出现衰退时采用此方法。用 1% 的尿素溶液或 0.08% ~ 0.1% 的磷酸二氢钾溶液，于晴天下午 4 时进行叶面喷洒。

（5）合理施用微肥。微量元素缺乏的田块，每亩锌、硼、锰基肥用量为 0.5 千克、0.5 千克、1.2 千克。施用时掺入适量细土，均匀撒于地表，犁入土中。作种肥时，可用 0.01% ~ 0.05% 的溶液浸种 12 ~ 24 小时，晾干后即可播种。也可用 0.1% ~ 0.2% 的溶液作根外追肥，喷施两次，时间间隔 15 天左右。

### （三）春玉米测土配方施肥技术

春玉米在我国主要种植在东北地区（黑龙江省、辽宁省、吉林省、内蒙古自治区）、华北地区（河北省、陕西省等）、西北地区（甘肃省、宁夏回族自治区、新疆维吾尔自治区等）。

1. 春玉米施肥用量推荐

春玉米全生育期推荐施肥量如表 2 – 13 所示、基肥推荐方案如表 2 – 14 所示、追肥推荐方案如表 2 – 15 所示。

表 2 – 13　春玉米推荐施肥量

| 肥力等级 | 推荐施肥量（千克/亩） | | |
| --- | --- | --- | --- |
| | 纯氮 | 五氧化二磷 | 氧化钾 |
| 低产田 | 16 ~ 18 | 5 ~ 6 | 9 ~ 10 |
| 中产田 | 15 ~ 17 | 4 ~ 5 | 8 ~ 9 |
| 高产田 | 14 ~ 16 | 3 ~ 4 | 7 ~ 8 |

表 2 – 14　春玉米基肥推荐方案　（单位：千克/亩）

| 肥力水平 | | 低产田 | 中产田 | 高产田 |
| --- | --- | --- | --- | --- |
| 有机肥<br>（二选一） | 商品有机肥 | 300 ~ 500 | 250 ~ 300 | 200 ~ 250 |
| | 农家肥 | 2 000 ~ 2 500 | 1 500 ~ 2 000 | 1 000 ~ 1 500 |
| 氮肥<br>（三选一） | 尿素 | 6 ~ 7 | 5 ~ 6 | 5 ~ 6 |
| | 硫酸铵 | 14 ~ 16 | 12 ~ 14 | 12 ~ 14 |
| | 碳酸氢铵 | 16 ~ 19 | 14 ~ 16 | 14 ~ 16 |
| 磷肥 | 磷酸二铵 | 11 ~ 13 | 9 ~ 11 | 9 ~ 11 |
| 钾肥<br>（二选一） | 硫酸钾 | 5 ~ 6 | 5 | 4 ~ 5 |
| | 氯化钾 | 4 ~ 5 | 4 | 3 ~ 4 |

表2-15　春玉米追肥推荐方案　　（单位：千克/亩）

| 追肥时期 | 低产田 | | 中产田 | | 高产田 | |
|---|---|---|---|---|---|---|
| | 尿素 | 硫酸钾 | 尿素 | 硫酸钾 | 尿素 | 硫酸钾 |
| 小喇叭口期 | 15~17 | 8 | 14~15 | 7~8 | 13~14 | 6~7 |
| 大喇叭口期 | 9~10 | 5~6 | 8~9 | 4~5 | 8~9 | 4 |

2. 春玉米的施肥原则

春玉米施肥，以基肥为主，追肥为辅；农家肥为主，化肥为辅；氮肥为主，磷肥为辅；穗肥为主，粒肥为辅。有机肥、全部磷钾肥和1/3氮肥作基肥施入。采用底肥、种肥、追肥相结合的方法，做到深松施肥、种肥隔离和分次施肥。

3. 春玉米的施肥技术

氮肥、钾肥分基肥和两次追肥，磷肥全部作基肥，化肥和农家肥（或商品有机肥）混合施用。

（1）基肥。每亩施农家肥1 500~2 000千克或商品有机肥250~300千克，尿素5~6千克、磷酸二铵9~11千克、氯化钾5千克，缺锌土壤可施1~2千克硫酸锌。底肥应在整地打垄时施入或采用具有分层施肥功能的播种机在播种时深施，结合整地施有机肥。施肥深度应在种子下面8~10厘米。氮肥的20%，磷肥与钾肥的80%及有机肥、长效碳铵等其他肥料可全部作基肥深施。增施有机肥或农家肥，弥补磷钾肥施用量的不足。

（2）种肥。种肥施肥深度应在种子下方3~5厘米，氮肥的5%、磷肥与钾肥的20%作种肥施用。

（3）追肥。追肥应在喇叭口期追施，施肥深度应达到8~10厘米，并覆好土，施肥量约为全部速效性氮肥用量的75%。每亩小喇叭口期追肥施尿素14~15千克、氯化钾7~8千克。大喇叭口期追肥施尿素8~9千克，氯化钾4~5千克。

（4）根外追肥。根据植株生长发育状况，适时进行叶面喷

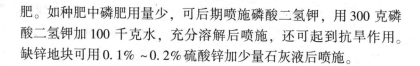

肥。如种肥中磷肥用量少，可后期喷施磷酸二氢钾，用300克磷酸二氢钾加100千克水，充分溶解后喷施，还可起到抗旱作用。缺锌地块可用0.1%~0.2%硫酸锌加少量石灰液后喷施。

# 五、玉米规模生产田建设与耕播技术

## （一）玉米规模生产田培肥技术

玉米高产田的土壤培肥重点是提高其基础肥力，即提高其水、肥、气、热协调能力，同时，也提高肥料利用率。化肥用量的增加及玉米生物产量的增加，使玉米秸秆和根茬还田能够成为主要的培肥手段。也可通过前茬小麦的秸秆还田为主要措施，采取秸秆还田，农家肥、化肥搭配，大、中、微量元素比例协调的施肥制；开发适用机具，实行深松、碎茬、深翻结合的土壤耕作制，避免因碎茬、翻入质量低而影响玉米生长。

小麦机械化秸秆还田技术具有显著的经济效益和社会效益。一是能增加土壤有机质，增肥地力。二是改善土壤环境，改造中低产田。三是省工增产、争抢农时。四是优化环境、防治污染。机械化秸秆还田使秸秆中的有机质得到充分的利用，避免了长期以来农民大量焚烧秸秆而造成的环境污染，有利于生态农业和环保农业的发展。因此，小麦秸秆还田技术作为环保农业的一项重要技术，是目前国家重点推广实施的农业新技术之一。

目前小麦秸秆还田的主要方式有：小麦秸秆粉碎覆盖还田技术、小麦秸秆直茬覆盖还田技术等方式。

## （二）玉米规模生产耕作技术

### 1. 玉米常规生产耕作技术

播种前整地是为玉米播种、出苗、生长发育创造一个适宜的土壤环境，要求做到：地面平整，土壤细碎，以利种子发芽出苗和幼苗生长。土地不平整，苗期易受旱害或涝害。如果土块较大，会严重影响种子发芽出苗，造成缺苗，从而影响玉米产量。

（1）春玉米生产耕作技术。春玉米在前茬作物收获后，及时灭茬秋耕，可使土壤有较长的熟化时间，并有利于积蓄雨雪，提高土壤肥力和蓄水保墒能力。春玉米一般深耕为 25～35 厘米，对土壤肥力高、耕层厚、基肥施用量大的地块，可深耕一些；反之则宜浅。一般黏土、壤土可稍深些；沙土可浅耕。上碱下不碱的土壤，可适当深耕；下碱上不碱的土壤，为了避免把碱土翻上来，要适当浅耕。总之，根据实际土壤质地，因地制宜进行耕翻。耕后及时耙耢保墒。水利条件较好地区，可在耕后冻前灌足底墒水，促进土壤熟化，还可冻死虫蛹，减轻虫害。在干旱地区，为防止跑墒，应在早春及时春耕，随耕随耙。春玉米在春耕时，可施入有机肥作基肥，并配合施用肥效慢的化肥，以充分发挥肥效，提高土壤肥力。

（2）夏玉米生产耕作技术。夏玉米生育期短，抢时早播是关键，一般不要求深耕，因为深耕后，土壤沉实时间短，播种出苗后遇雨土壤塌陷，易引起倒伏及断根，并且深耕后土壤蓄水多，遇雨不能及时排除，容易发生涝害，造成减产。夏玉米播种前可直接采取局部整地的法，只对播种行进行浅耕或免耕，以争取农时、保墒情，玉米出苗后再对行间进行中耕。夏玉米农时紧，需抢耕抢种，一般不用施基肥。但是为了满足夏玉米快速生长的需求，应提早施肥，采用早施重施、前重后轻的施肥原则。

2. 玉米保护地生产耕作技术

（1）保护地玉米地块的选择。保护地玉米根系粗壮，要求选择土层深厚，质地疏松，便于起垄覆膜，保水能力强，肥力中等以上的平地或缓坡地（如山区、半山区）种植，地力瘠薄或水土流失严重的地块不宜种植。

（2）保护地玉米整地技术。①施肥。地膜覆盖的田块必须在前茬作物收获后，精细整地，并做好蓄水保墒工作。结合土壤处理，按配方施肥技术要求施入底肥，一般有机肥、磷肥、钾肥全部，氮肥的50%～60%作底肥在起垄前一次施入，其余40%～50%用作追肥。②起垄覆膜。地整好后，按垄距100厘米，垄宽60厘米，垄高3厘米的要求起垄，垄要端要直，垄面整平耙细，捡净根茬。覆膜时，膜要铺平拉展，紧贴垄面，将膜两边埋入土中，用细土压实，每隔10～15米设一土梁，以防大风揭膜。

### （三）玉米规模生产播种技术

1. 玉米播期的确定

适宜的播种时期，不仅可以保证出苗率、保苗率高，而且植株生长健壮、安全成熟、产量高、品质好。因此，确定播种时期既要考虑品种特性，更要注意地温、土壤水分、栽培制度和病虫害发生规律等因素。

（1）春玉米的播期。温度是决定春玉米播种期的主要因素。通常在5～10厘米地温稳定通过10℃或略高，在温度、水分达到要求的条件下即可播种。春玉米播种期因地区不同差异很大，黑龙江省、吉林省5月上旬；辽宁省、内蒙古自治区、华北北部及新疆维吾尔自治区北部一般为4月下旬至5月上旬；华北平原及西北各地4月中下旬；长江流域以南一般在3月中下旬，部分地区提早到2月。

（2）夏玉米的播期。玉米播种有"春争日，夏争时"、"夏播争早，越早越好"的说法。夏玉米播种应抓紧时间抢时抢墒早播，这样可延长生育期，避免和减轻病害和"芽涝"，是争夺高产的重要措施。

（3）秋玉米播种。秋玉米一般在7月中下旬播种，最迟不超过8月5日。

（4）套种玉米的播期。玉米与其他作物套种，尽量减少上、下茬的共生时间，减轻上、下茬作物上相互影响。共生时间以20～30天为宜。

2. 玉米播种方式

由于各地的种植方式和自然条件不同，播种方式也有差异。

（1）条播。玉米条播根据播种工具不同可分为机播、耧播和用犁开沟撒播等。机播工作效率高，播种均匀，深浅一致，但用种量较大，适用于大面积种植或土表墒情较差的地块。在丘陵山区和机械化程度不高的地区，可采用耧或犁等工具开沟播种。开沟后，可以先沟施拌药的毒谷或毒土，诱杀害虫和防止病害产生，然后撒种盖土。

（2）点播。按照一定的株行距刨穴、施肥、点种、覆土盖种。一般行距60~70厘米，株距50~60厘米，双珠每穴点种4粒，摆成方形，覆土3~4厘米。

3. 玉米播种量和播种深度

（1）播种量。播种量因品种、种子大小、生活力、种植密度、种植方式和栽培目的地不同而又差异，一般条播2.5~4千克/亩，点播和穴播用量可以减少，一般2.5~3.5千克/亩。播量过大，不但造成种子浪费，而且间、定苗费工，幼苗争光、争肥、争水，在成苗荒而减产。

（2）播种深度。适宜的播种深度，要根据土壤墒情、土壤质地确定。土壤墒情好，可适当浅些，表层土干可适当深一些，沙壤土的比黏土深一些。一般播种深度为5~6厘米，覆土3~4厘米。土质黏重，含水量高，地势较低洼时，宜浅播4~5厘米，浅覆土盖籽；反之适当深播6~8厘米。南方春玉米宜浅播浅覆土，夏秋玉米宜深播，但最深不超过10厘米。播种后如出现落干现象，及时浇蒙头水，确保出苗齐全。

4. 合理密植

玉米以群体进行生产，产量主要取决于穗数、每穗粒数和籽粒的重量。种稀了，果穗虽然长得大一些，但穗粒数和粒重的增加，往往补偿不了穗数少对产量的影响；种密了，植株生长瘦弱，穗小粒轻，同样不宜高产。玉米的适宜种植密度受品种特性、土壤肥力、气候条件、土壤状况、管理水平等因素的影响。

因此，适宜密度的确定应根据上述因素综合考虑，一般应掌握以下原则：株型紧凑和抗倒品种宜密，株型平展和抗倒性差的品种宜稀；肥地宜密，极薄的地块宜稀；阳坡地和沙壤土地宜密，低洼地和重黏土地宜稀；日照时数长、昼夜温差大的地区宜密；反之宜稀；精细管理的宜密，粗放管理的宜稀。

# 模块三　玉米规模生产生育进程管理技术

依据玉米根、茎、叶、穗、粒先后发生的主次关系和生育特点，一般把玉米的生育进程划分为苗期、穗期、花粒期 3 个阶段。

## 一、玉米规模生产苗期管理技术

玉米苗期是指玉米从播种到拔节期，以生根、长叶、茎节分化为主的营养生长阶段，包括种子发芽、出苗及幼苗生长等过程。春玉米一般历时 30 ~ 45 天，夏玉米一般历时 20 ~ 30 天。

### （一）玉米苗期生育特点

玉米播种后，种子吸水膨胀，开始萌发。籽粒越大，第一片真叶越宽，制造的养分越多，对玉米进一步生长越有利。从播种到出苗需要 5 ~ 15 天。在大田条件下，土壤水分不足，温度偏低，是影响玉米发芽出苗的主要环境因素。

苗期阶段，玉米主要进行根、茎、叶的分化和生长。这期间植株的节根层、茎节及叶全部分化完成，胚根系形成，长出的节根层数约达总节根层数的 50%，展开叶约占品种总叶数的 30%。因此，从生长器官的属性来看，苗期是营养生长阶段；由器官建成的主次关系分析，该阶段是以根系生长为主。

### （二）玉米规模生产的苗期田间管理

玉米苗期需肥水不多，但应适量供给，并加强田间管理，促根壮苗，通过合理的栽培措施实现苗足、苗齐、苗壮和早发。

1. 查苗补栽

查苗补栽主要针对春玉米，春玉米往往缺苗严重。解决的办法是育苗移栽，移栽时要选壮苗、根系完全的苗，移栽深度要保留原播种深度，栽后将周围的土壤压实，苗周围略低于地面，利于接纳雨水。阴雨天移苗成活率高，如果栽后遇晴天应及时浇水。

2. 及时间苗、定苗

适时早间苗、定苗。间苗一般在 2 叶一心期，定苗一般在 3~4 叶期进行。间苗、定苗应在晴天下午进行。掌握"去弱留强、间密存稀、留匀留壮"的原则，选留大小一致、植株均匀、茎基偏粗的壮苗。

3. 及时中耕、除草

套种玉米、夏直播玉米、黏土地以及盐碱地玉米为防止土壤干旱板结，根系生长不良，一般需趁墒情适宜及时中耕松土，破除板结，疏松土壤，促进根系发育，以此达到保墒、保根、保苗的效果。苗期一般中耕 2~3 次。机力中耕深度掌握"前后两次浅，中间一次深，苗旁浅，行中深"的原则。头次中耕在玉米现行时进行，不宜太深，中耕深度 6~8 厘米，带护苗器防止埋苗，第二次（拔节前）中耕深度 15 厘米，拔节后中耕要浅避免损害次生根，深度为 10~12 厘米，除机械中耕外，应结合人工株间除草和拔草，保持玉米生长健壮、田间无杂草。玉米浇完蒙头水后，第一项要做的工作是喷施除草剂。喷施除草剂有两种方法。

（1）无茬播种玉米田。一种是在不留麦茬的情况下，可实行麦茬粉碎、浅耕或旋耕后播种。在这种情况下最好是喷施封闭性除草剂乙阿合剂。

（2）麦茬播种玉米田。这类地块因田间麦茬太高、太多，喷施封闭性除草剂效果太差，应采取苗后除草。实施苗后除草，除草剂用量最好按照玉米田每亩 100~150 毫升，对水 30~40 千克喷雾。最好在玉米 3~5 叶期，杂草 2~4 叶期施用。4% 烟嘧磺隆效果较好，实施苗后除草一般要在玉米的 3～5 叶期喷施较为安全。

4. 合理施肥

苗期宜控不宜促，重管不重肥，一、二类苗田少施，三类苗田多施。若基肥足，又带种肥，苗情较旺，可以不施苗肥。在基肥用量不足或为用速效氮肥时，应尽早追施苗肥。视田间苗情和基肥用量，一般占总追肥量 20%～30%。

在拔节前后看苗、看地适当轻施一次氮肥，作为攻秆肥。施用量可以根据前期施肥情况灵活掌握。如果基肥施用量不足，苗期追肥应提早一些，可以在定苗后至拔节前施用，追肥数量要多些。磷、钾肥和有机肥施用不足的应在此期足额补施，氮肥占全生育期追肥量的 40% 左右。如果基肥用量充足，苗期追肥可推迟到拔节以后，追肥数量也可以少些，氮肥占全生育期追肥量的 30% 左右（一般每亩尿素 5～8 千克）。有些地块前期施肥充足，可采取不追攻秆肥。

5. 适当浇水，蹲苗促壮

玉米苗期耐旱能力较强，一般不需要灌溉。但在苗弱、墒情不足时，尤其是套种玉米土壤板结、缺水时，麦收后应立即灌水，确保全苗。夏播玉米在干旱严重，影响幼苗生长时，也应及时灌水。苗期灌水要控制水量，勿大水漫灌。对有旺长倾向的春播玉米田，拔节前后不要灌水，而是通过蹲苗或深中耕控长。

培育玉米壮苗，必须先培育发达的根系，所以蹲苗不是单纯的抑制生长，而是促控结合，控上促下。蹲苗促壮一般采取的方法是：控制肥水，深中耕，扒土晒根等。玉米蹲苗应遵循"蹲黑不蹲黄，蹲肥不蹲瘦，蹲湿不蹲干"的蹲苗原则。也就是说蹲叶片深绿、地肥、墒情足的壮苗。反之就不蹲。蹲苗时间一般夏播和套种玉米 20 天左右，时间过短无效果，时间过长容易形成"小老苗"，影响后期生长。蹲苗结束，应立即追肥、灌水以促进

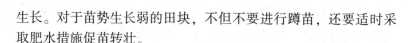

生长。对于苗势生长弱的田块，不但不要进行蹲苗，还要适时采取肥水措施促苗转壮。

### （三）玉米规模生产苗期病害识别与防治

玉米苗期主要病害有：苗枯病、根腐病、褐斑病、矮花叶病、粗缩病等。

#### 1. 苗枯病

麦茬直播夏玉米，苗期与雨季相吻合，易引起玉米苗枯病发生危害。近几年发生危害呈上升趋势逐渐加重，特别是在降雨频繁、雨量大，夏玉米苗枯病发生较多，且发病更严重（图3-1）。

（1）症状识别。玉米苗枯病主要发生在玉米生长的4～7叶期，表现症状特点是：叶片边缘首先出现黄褐色枯死条斑，个别叶片或植株出现萎蔫，3～5天后叶片变青灰色或黄褐色枯死。发病株根毛初期出现淡黄色至黄褐色浸染点，1～2天后即变为黄褐色水渍状坏死，严重时皮层腐烂，根毛脱落。为害严重的植株叶片出现火烧状枯死，心叶逐渐青枯萎蔫，茎基部发生腐烂，甩手轻轻一提即可拔起。

图3-1　玉米苗枯病

（2）防治措施。①选用优质、抗病品种，且选用粒大饱满、发芽势强的玉米种子。②播种前先将种子翻晒 1～2 天。药剂浸种用 40% 克霉灵 600 倍液或 70% 甲基托布津 500 倍药液浸 40 分钟，晾干后播种；或 2% 福尔马林溶液浸种 3 小时。也可用 50% 多菌灵可湿性粉剂拌种，每 100 千克种子用药 0.5 千克；或 2.5% 咯菌腈悬浮种衣剂 10 克加水 100 毫升，拌种 5 千克；或 25% 戊唑醇 2 克，拌种 5 千克，同时预防丝黑穗病。③合理施肥，加强管理。种子肥或者苗期到拔节期追肥，一定要增施磷钾肥，以培育壮苗，尤其注意补充磷、钾肥。可在拔节期前喷施 1～2 次磷酸二氢钾和尿素混合液。促进根系生长，使植株生长旺盛，以提高抗病能力。④在苗枯病发病初期及时用药。可用 70% 甲基硫菌灵 800 倍液，或 20% 三唑酮 1 000 倍，或恶霉灵 3 000 倍，或 50% 多菌灵可湿性粉剂 800 倍液，连喷 2 次（每次用药间隔 7 天左右）。喷药的同时可加入喷施新型水溶肥料，以促苗早发，以增强植株抗逆、抗病力，可有效防治和控制苗枯病。

2. 粗缩病

玉米粗缩病是由玉米粗缩病毒引起的一种玉米病毒病。是我国北方玉米生产区流行的重要病害（图 3-2）。

图 3-2　玉米粗缩病

（1）症状识别。玉米整个生育期都可感染发病，以苗期受害最重，5~6 片叶即可显症，开始在心叶基部及中脉两侧产生透明的油浸状褪绿虚线条点，逐渐扩及整个叶片。病苗浓绿，叶片僵直，宽短而厚，心叶不能正常展开，病株生长迟缓、矮化叶片背部叶脉上产生蜡白色隆起条纹，用手触摸有明显的粗糙感植株叶片宽短僵直，叶色浓绿，节间粗短，顶叶簇生状如君子兰。叶背、叶鞘及苞叶的叶脉上具有粗细不一的蜡白色条状突起，有明显的粗糙感。当 9~10 叶期，病株矮化现象更为明显，上部节间短缩粗肿，顶部叶片簇生，病株高度不到健株一半，多数不能抽穗结实，个别雄穗虽能抽出，但分枝极少，没有花粉。果穗畸型，花丝极少，植株严重矮化，雄穗退化，雌穗畸形，严重时不能结实。

（2）防治措施。在玉米粗缩病的防治上，要坚持以农业防治为主、化学防治为辅的综合防治方针，其核心是控制毒源、减少虫源、避开危害。①加强监测和预报。在病害常发地区有重点地定点、定期调查田间杂草和玉米的粗缩病病株率和严重度，同时调查灰飞虱发生密度和带毒率。在秋末和晚春及玉米播种前，根据灰飞虱越冬基数和带毒率和杂草的病株率，结合玉米种植模式，对玉米粗缩病发生趋势做出及时准确的预测预报，指导防治。②要根据本地条件，选用抗性相对较好的品种，同时要注意合理布局，避免单一抗源品种的大面积种植。如鲁单 053、农大108 等。③调整播期。根据玉米粗缩病的发生规律，在病害重发地区，应调整播期，使玉米对病害最为敏感的生育时期避开灰飞虱成虫盛发期，降低发病率。春播玉米应适当提早播种，一般在4 月下旬 5 月上旬，麦田套种玉米适当推迟，一般在麦收前 5 天，尽量缩短小麦、玉米共生期，做到适当晚播。春播玉米应当提前到 4 月中旬以前播种；夏播玉米则应在 6 月上旬为宜。④清除杂草。路边、田间杂草不仅是来年农田杂草的种源基地，而且是玉米粗缩病传毒介体灰飞虱的越冬越夏寄主。对麦田残存的杂草，可先人工锄草后再喷药，除草效果可达95%左右。选择土壤处理的优点是苗期玉米不与杂草共生，降低灰飞虱的活动空间，不利于灰飞虱的传毒。⑤加强田间管理。结合定苗，拔除田间病株，集中深埋或烧毁，减少粗缩病侵染源。合理施肥、浇水，加强田间管理，促进玉米生长，缩短感病期，减少传毒机会，并增强玉米抗耐病能力。玉米粗缩病病毒主要在小麦、禾本科杂草和灰飞虱体内越冬。因此，要做好小麦丛矮病防治，清除田边、地边和沟渠杂草为害，同时要减少灰飞虱虫口基数，具体方法：在小麦返青后，用25%扑虱灵50克/亩喷雾。喷药时，麦田周围的杂草上也要进行喷施，可显著降低虫口密度，必要时，可用20%克无踪水剂或45%农达水剂550毫升/亩，对水30千克，针对田边地头进行喷雾，杀死田边杂草，破坏灰飞虱的生存环境。⑥药剂拌种。用内吸杀虫剂对玉米种子进行包衣和拌种，可以有效防治苗期灰飞虱，减轻粗缩病的传播。播种时，采用种量2%的种衣剂拌种，可有效地防止灰飞虱的危害，同时有利于培养壮苗，提高玉米抗病力。播种后选用芽前土壤处理剂如40%乙莠水胶悬剂，50%杜阿合剂等，每亩550～575毫升/亩，对水30千克进行土壤封密处理。⑦喷药杀虫。玉米苗期出现粗缩病的地块，要及时拔除病株，并根据灰飞虱虫情预测情况及时用25%扑虱灵50克/亩，在玉米5叶期左右，每隔5天喷1次，连喷2～3次，同时用40%病毒A 500倍液或5.5%植病灵800倍液喷洒防治病毒病。对于个别苗前应用土壤处理除草剂效果差的地块，可在玉米行间定行喷灭生性除草剂20%克无踪，每亩550毫升，对水30千克，要注意不要喷到玉米植株上，克芜踪对杂草具有速杀性，喷药后52小时杂草能全部枯死，可减少灰飞虱的活动空间，田边地头可喷45%农达水剂，但在玉米行间尽量不用，以免对玉米造成药害。

3. 顶腐病

玉米顶腐病是我国的一种新病害。该病可细分为镰刀菌顶腐病、细菌性顶腐病两种情况（图3-3）。

图3-3　玉米顶腐病

（1）症状识别。镰刀菌顶腐病症状：在玉米苗期至成株期均表现症状，心叶从叶基部腐烂干枯，紧紧包裹内部心叶，使其不能展开而呈鞭状扭曲；或心叶基部纵向开裂，叶片畸形、皱缩或扭曲。植株常矮化，剖开茎基部可见纵向开裂，有褐色病变；重病株多不结实或雌穗瘦小，甚至枯萎死亡。病原菌一般从伤口或茎节、心叶等幼嫩组织侵入，虫害尤其是蓟马、蚜虫等的为害会加重病害发生。

细菌性顶腐病症状：在玉米抽雄前均可发生。典型症状为心叶呈灰绿色失水萎蔫枯死，形成枯心苗或丛生苗；叶基部水浸状腐烂，病斑不规则，褐色或黄褐色，腐烂部有或无特殊臭味，有黏液；严重时用手能够拔出整个心叶，轻病株心叶扭曲不能展开。高温高湿有利于病害流行，害虫或其他原因造成的伤口利于病菌侵入。多出现在雨后或田间灌溉后，低洼或排水不畅的地块发病较重。

（2）防治措施。①加快铲趟进度，促进玉米秧苗的提质升级。要充分利用晴好天气加快铲趟进度，排湿提温，消灭杂草，以提高秧苗质量，增强抗病能力。②及时追肥。玉米生育进程进入大喇叭口期，要迅速对玉米进行追施氮肥，尤其对发病较重地块更要做好及早追肥工作。同时，要做好叶面喷施微肥和生长调节剂，促苗早发，补充养分，提高抗逆能力。③科学合理使用药剂。对发病地块，可选用58%甲霜灵锰锌300倍、50%扑克拉锰3 000倍液、80%亿为克2 000倍液，选用加配50%多菌灵500倍液或75%百菌清500倍液和0.2%的多元微肥，以促进植株生长发育，恢复生长和增加产量。④对严重发病难以挽救的地块，要及时做好毁种。对玉米心叶已扭曲腐烂的较重病株，可用剪刀剪去包裹雄穗以上的叶片，以利于雄穗的正常吐穗，并将剪下的病叶带出田外深埋处理。

**4. 矮花叶病**

也称花叶条纹病，玉米整个生长期中，均可受害。

（1）症状识别。玉米整个生育期均可发病，苗期受害重，抽雄前为感病阶段。最初在心叶基部叶脉间出现许多椭圆形褪绿小点或斑纹，沿叶脉排列成断续的长短不一的条点，病情进一步发展，叶片上形成较宽的褪绿条纹，尤其新叶上明显，叶绿素减少，叶色变黄，组织变硬，质脆易折断，有的从叶尖、叶缘开始，出现紫红色条纹，最后干枯。一般第一片病叶失绿带沿叶缘由叶基向上发展成倒"八"字形，上部出现的病叶待叶片全部展开时，即整个成为花叶。病株黄弱瘦小，生长缓慢，株高不到健株一半，多数不能抽穗而早死，少数病株虽能抽穗，但穗小，籽粒少而秕瘦。病株根系发育弱，易腐烂。

（2）防治措施。玉米矮花叶病毒主要是借助于蚜虫在植株与植株、田块与田块之间传播。玉米在整个生长期内均可感染此病害，以幼苗期到抽雄前较易感病，浸染后有7～15天的潜育期。受浸染的部位初期出现点条状退绿斑点，严重时全株叶片出现退绿斑点，重病植株还会表现出不同程度的矮化，株高降低1/3～1/2，且雄穗扭曲或抽不出来，所结的玉米穗籽粒瘦小、千粒重

图 3 - 4　玉米矮花叶病

较低。防治此病应重点抓住以下几点。

　　①种植抗病品种。选用抗病品种是最经济有效的预防措施。一般抗病品种主要有鲁单 50、吉 853、掖单 20、农大 65、海引 13 号等，应积极组织抗病新杂交种的开发力度，加速取代感病品种，种源不足时应将抗病品种优先安排在病害发生较重的区域。②注意种植方式。春玉米和套种早的玉米一般发病较重，病株率在 12.2% 左右；套种晚的玉米发病较轻，病株率一般在 8% ~ 10%；夏直播玉米发病最轻，病株率在 2% 以下。种植春玉米时最好采用地膜覆盖的方式，地膜覆盖不仅可使玉米早出苗，避开蚜虫迁飞传毒的高峰期，而且还有驱蚜作用，使田间的病株较常规露地栽培的降低 60% 左右。此外，地膜的增温保墒作用还会使玉米生育期提前，延缓病株率的增长，较露地栽培的病株率可降低 80% 以上。③保健栽培。施足底肥、合理追肥、适时浇水、中耕除草等项栽培措施可促进玉米健壮生长，增强植株的抗病力，减轻病害的发生。④及早拔除病株及杂草。田间最早出现的多为种子带毒苗，通常在子叶展开时就表现出发病症状，宜在 2 叶 1

心期定苗时将其拔除，在 3~4 叶 1 心期再逐块细致检查，彻底拔除种子带毒苗和早期感病的植株，以减少田间毒源。杂草密度大的地块，例如在麦收后未灭茬、未除杂草的田间病株率高达12%，所以要及时铲除田间杂草。⑤药剂防治。矮花叶病是病毒病，用一般的杀菌剂防治效果不佳，宜选用 7.5% 克毒灵、病毒A、83 增抗剂等抗病毒剂，并抓紧在发病初期施药，每隔 7 天喷1 次。喷药时最好在药液中加入叶面肥，以促进叶片的光合作用，增加植株叶绿素含量，使病株迅速复绿。实践证明，一旦发现田间有感病株，便立即施药并结合浇水追肥，可取得较好的稳产效果。

### 5. 根腐病

当玉米播种后遇到降雨，造成土壤积水，则易发生根腐病。一般状况下，根腐病发病率较低，不会造成生产严重的问题，但在特殊环境条件下，也出现过植株死苗率高达80%的情况。

（1）症状识别。引起根腐病的病原菌种类较多，发病特点也不尽相同。腐霉菌引起的根腐病主要表现为中胚轴和整个根系逐渐变褐、变软、腐烂，根系生长严重受阻；植株矮小，叶片发黄，幼苗死亡（图 3-5）。

图 3-5 玉米根腐病

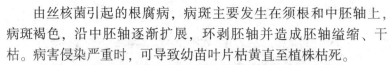

由丝核菌引起的根腐病，病斑主要发生在须根和中胚轴上，病斑褐色，沿中胚轴逐渐扩展，环剥胚轴并造成胚轴缢缩、干枯。病害侵染严重时，可导致幼苗叶片枯黄直至植株枯死。

由镰刀菌引起的根腐病，主要表现为根系端部的幼嫩部分呈现深褐色腐烂，组织逐渐坏死；与籽粒相连的中胚轴下部发生褐变、腐烂；植株叶片尖端变黄，病害严重时导致植株死亡。

（2）防治措施。一般采用药剂防治。在根腐病发生较重的地区，应采用含杀菌剂的种衣剂进行玉米种子包衣处理，或在播种前用杀菌剂拌种。

对于镰刀菌和丝核菌引起的根腐病，可以选用 75% 百菌清可湿性粉剂、50% 多菌灵可湿性粉剂、80% 代森锰锌可湿性粉剂以种子重量的 0.4% 拌种，也可以用卫福拌种剂直接拌种。

对于腐霉菌根腐病，则应选择杀卵菌药剂，如 58% 甲霜灵锰锌可湿性粉剂、64% 杀毒矾可湿性粉剂、绿亨 1 号拌种剂等药剂以种子重量的 0.4% 拌种。

### （四）玉米规模生产苗期虫害识别与防治

玉米苗期主要害虫有：蛴螬、金针虫、蝼蛄、灰飞虱、蓟马、钻心虫等。

1. 地下害虫

蛴螬、金针虫、蝼蛄均取食植株的地下部分，毁坏萌发的种子，咬断胚轴和幼根，导致幼苗死亡，造成严重的缺苗断垄。

（1）蝼蛄（图 3-6）。俗称拉拉蛄，在我国主要有非洲蝼蛄和华北蝼蛄两种。①为害症状。成虫和若虫在靠近地表处活动，喜欢吃新播的种子，特别是刚发芽的种子。在土中潜行形成隧道，咬断幼苗主根，地表处将幼苗茎叶咬成乱麻状和丝状，使玉米失水而枯死。②防治方法。采用包衣种子和药剂拌种，用 40% 乐果乳油或 90% 敌百虫晶体 0.7 千克，加入适量水，拌入 50 ~ 70 千克的米糠、豆饼中制成毒饵，于傍晚撒入玉米田中；或敌百虫

800 倍液灌根；或设置黑光灯诱杀成虫。

图 3 - 6  蝼蛄

（2）金针虫（图 3 - 7）。在地下主要为害玉米幼苗根茎部。有沟金针虫、细胸金针虫和褐纹金针虫 3 种，其幼虫统称金针虫。①为害症状。以幼虫长期生活于土壤中，主要为害禾谷类、薯类、豆类、甜菜、棉花及各种蔬菜和林木幼苗等。幼虫能咬食刚播下的种子，食害胚乳使其不能发芽，如已出苗可为害须根、主根和茎的地下部分，使幼苗枯死。主根受害部不整齐，还能蛀入块茎和块根。②防治方法。一是与水稻轮作；或者在金针虫活动盛期常灌水，可抑制危害。二是定植前土壤处理。可用 48% 地蛆灵乳油 200 毫升/亩，拌细土 10 千克撒在种植沟内，也可将农药与农家肥拌匀施入。三是生长期发生沟金针虫，可在苗间挖小穴，将颗粒剂或毒土点入穴中立即覆盖，土壤干时也可将 48% 地蛆灵乳油 2 000 倍，开沟或挖穴点浇。四是药剂拌种：用 50% 辛硫磷、48% 乐斯本或 48% 天达毒死蜱、48% 地蛆灵拌种，比例为药剂∶水∶种子 = 1∶（30 ~ 40）∶（400 ~ 500）。五是施用毒土。用 48% 地蛆灵乳油每亩 200 ~ 250 克，50% 辛硫磷乳油每亩

200～250 克，加水 10 倍，喷于 25～30 千克细土上拌匀成毒土，顺垄条施，随即浅锄；用5%甲基毒死蜱颗粒剂每亩2～3千克拌细土25～30千克成毒土，或用5%甲基毒死蜱颗粒剂、5%辛硫磷颗粒剂每亩2.5～3千克处理土壤。六是种植前要深耕多耙，收获后及时深翻；夏季翻耕暴晒。精细整地，适时播种，合理轮作，消灭杂草，适时早浇，及时中耕除草，创造不利于金针虫活动的环境，减轻作物受害程度。

图 3-7　金针虫

　　（3）蛴螬（图 3-8）。蛴螬是杂食性害虫，成虫和幼虫均可为害玉米，严重影响产量。①为害症状。蛴螬常咬断玉米根茎，使幼苗枯死，若成株玉米的根系受损，引起严重减产。它的成虫金龟子，在玉米灌浆期为害果穗，特别是玉米苞叶包得不紧的果穗，金龟子成群聚集危害，受害严重的果穗从穗尖往下有1/3籽粒被啃食。②防治方法。一是农业防治。春、秋季节进行耕耙，并随犁地时捡拾蛴螬，或将蛴螬翻在地表，通过霜冻和日晒，以减轻翌年为害。二是黑光灯诱杀金龟子。多数金龟子有趋光性，在晚上利用黑光灯进行诱杀，可以减轻金龟子对玉米穗籽粒的为害。三是药剂防治。可用50%辛硫磷与水和种子按1：30：（400~500）的比例拌种；或用35%克百威种衣剂包衣，还可兼治其他地下害虫；或每亩用辛硫磷胶囊剂150~200克拌饵料5千克撒于种沟中，可收到良好防治效果。

图3-8　蛴螬

（4）地老虎。地老虎又叫地蚕、土蚕、切根虫。地老虎的种类很多，但经常发生为害的有小地老虎和黄地老虎。①为害症状。地老虎一般以第一代幼虫为害严重，各龄幼虫的生活和为害习性不同。一、二龄幼虫昼夜活动，啃食心叶或嫩叶；三龄后白天躲在土壤中，夜出活动为害，咬断幼苗基部嫩茎，造成缺苗；四龄后幼虫抗药性大大增强，因此，药剂防治应把幼虫消灭在三龄以前。②防治方法。一是农业防治：耕前进行精耕细作，在初龄幼虫期铲除杂草，可消灭部分虫、卵。用莴苣叶诱捕幼虫，于每日清晨到田间捕捉；对高龄幼虫也可在清晨到田间检查，入如果发现有断苗，拨开附近的土块，进行捕杀。二是毒饵诱杀法：针对小地老虎幼虫具有日间潜伏土中、夜间出来活动觅食的生活习性，可用20%氯·辛乳油1000倍液，或90%敌百虫800倍液或48%乐斯本1 000倍液，加入少量糖、醋，将切碎的菜叶或鲜嫩青草放入药液中浸湿拌匀30分钟，或用炒香米糠混入药液，于傍晚顺垄撒施于玉米行间，让幼虫晚上出来活动觅食时中毒而死，可达到全田诱杀的效果。三是喷药毒杀法：小地老虎低龄幼虫常群集于农作物幼嫩部分或心叶，发现低龄幼虫时，采用25%强力杀灭（专杀地老虎）乳油800倍液，或20%高氯·辛乳油（杀地虎）1 000倍液，30%增效敌敌畏·氰·辛乳油（土蚕地虎一支净）1 000倍液，或90%的敌百虫800～1 000倍液，或48%乐斯本1 000倍液进行全面喷杀。四是药剂撒施：低龄幼虫期，每亩用5%毒死蜱颗粒剂（地虫全斩）2千克均匀撒施。

2. 灰飞虱

灰飞虱，属于同翅目飞虱科，以长江中下游和华北地区发生较多。由于寄主是各种草坪禾草及水稻、麦类、玉米、稗等禾本科植物，所以，对农业为害很大。

（1）为害症状。玉米出苗后被灰飞虱危害后即可感病，到5～6叶期才开始出现明显症状，新生叶片即心叶不易抽出且变小，可作为早期诊断的依据。在心叶基部的中脉两侧最初出现透明的虚线斑点，以后逐渐扩展到全叶，并在叶背的中脉上产生长短不一的蜡白色突起。病株叶的特征是色浓绿、宽、短、硬、脆，叶背的叶脉隆起。病株节间明显缩短，严重矮化，叶片密集丛生，成对生状，病株似"君子兰"植株，农民朋友通常称作"万年青"。病株根少而短，长度不足健株的1/2，易拔出。根易分叉，丛生状。

（2）防治方法。①灰飞虱可近距离扩散和远距离随高空气流迁飞，如一个地块喷药，可迅速转移至未施药地块和地边、路边、沟边杂草中，一家一户的分散防治很难整体压低虫口密度，必须进行统一防治，至少以村为单位，统一时间，联防联治，使该虫无处可逃。地边、路边、沟边杂草也要进行喷药，最好在喷施杀虫剂的同时加入百草枯（克芜踪）、草甘膦（农达）等除草剂杀灭杂草，破坏该虫的栖息环境，降低虫量。要发挥专业机防队作用，大面积防治，降低防治周期，提高防治效率。②一定要早防早治，把灰飞虱消灭在传毒之前。目前，正值灰飞虱发生高峰期，马铃薯茬、蒜茬等5月中下旬及6月初播种已出苗的玉米，每提早一天防治就可减轻一分危害，一定要在灰飞虱传毒前控制，绝不能掉以轻心。麦套玉米麦收要立即进行防虫，可结合玉米田喷施除草剂一并施药，尤其要重点消灭地边杂草丛中害虫，防止灰飞虱从地边杂草传入农田中为害。现播种玉米要搞好种子药剂处理，可用60%高巧悬浮种衣剂按种子量的0.4%~0.6%进行种子包衣或用25%吡虫啉悬浮剂按种子量的2%进行拌种。③一定要选用合适的农药品种。防治玉米粗缩病关键是治虫，一些所谓的防病毒药剂对粗缩病无任何效果，因此，要科学选用合适的杀虫剂，可应用10%吡虫啉20克/亩或3%啶虫脒15~20克/亩，混用4.5%高效氯氰20~30毫升/亩等菊酯类农药喷雾，也可选用扑虱灵、灭多威、锐劲特农药喷雾，隔3~4天喷1次，连喷2~3次。要注意喷洒田边和地内杂草，而不要仅仅喷洒玉米植株。

3. 蓟马

蓟马是玉米苗期害虫，主要有玉米黄蓟马、禾蓟马、稻管蓟马。可以引起玉米幼苗"心叶破碎"或扭曲成"牛尾巴状"。干旱对其大发生有利，降雨对其发生和危害有直接的抑制作用。

（1）为害特点。蓟马较喜干燥条件，在低洼窝风而干旱的玉米地发生多，在小麦植株矮小稀疏地块中的套种玉米常受害重。一年中5—7月的降雨对蓟马发生程度影响较大，干旱少雨有利于发生。一般来说，在玉米上的发生数量，依次为春玉米＞中茬玉米＞夏玉米。中茬套种玉米上的单株虫量虽较春玉米少，但受害较重，在缺水肥条件下受害就更重。

成虫行动迟缓，多在时反面为害，造成不连续的银白色食纹并伴有虫粪污点，叶正面相对应的部分呈现黄色条斑。成虫在取食处的叶肉中产卵，对光透视可见针尖大小的白点。为害多集中在自下而上第二至第四或第二至第六叶上，即使新时长出后也很少转向新口中为害。

（2）防治方法。在玉米出苗后及早喷施一遍杀虫剂是最经济、最有效的办法，可选用"农喜1号"1 000倍液（每桶水15毫升）均匀喷雾，不仅可有效防治玉米蓟马危害，也可同时兼治灰飞虱（粗缩病的传毒害虫）等多种害虫。用药的同时可加入十乐素、壮汉、六高二氢钾等营养调节型增产剂，以促进壮苗。

4. 玉米螟

也称钻心虫。玉米螟是玉米的主要虫害。主要分布于北京市、黑龙江省、吉林省、辽宁省、河北省、河南省、四川省、广西壮族自治区等地。各地的春、夏、秋播玉米都有不同程度受害，尤以夏播玉米最重。玉米螟可为害玉米植株地上的各个部位，使受害部分丧失功能，降低籽粒产量（图3－9）。

图3－9　玉米螟

（1）为害症状。玉米螟幼虫是钻蛀性害虫，典型症状是心叶被蛀穿后，展开的玉米叶出现整齐的一排排小孔。雄穗抽出后，幼虫就钻入雄花为害，往往造成雄花基部折断。雌穗出现后，幼虫即转移到雌穗取食花丝和嫩苞叶，蛀入穗轴或食害幼嫩的籽粒。部分幼虫蛀入茎部，取食髓部，使茎秆易被大风吹折。受害植株籽粒不饱满，青枯早衰，有些穗甚至无籽粒，造成严重减产。

（2）防治方法。防治玉米螟应采取预防为主综合防治措施，在玉米螟生长的各个时期采取对应的有效防治方法，具体方法如下。①灭越冬幼虫。在玉米螟冬后幼虫化蛹前期，处理秸秆（烧柴）；机械灭茬、白僵菌封垛等方法来压低虫源，减少化蛹羽化的数量。白僵菌封垛的方法是：越冬幼虫化蛹前（4月中旬），把剩余的秸秆垛按每立方米2两白僵菌粉，每立方米垛面喷一个点，喷到垛面飞出白烟（菌粉）即可。一般垛内杀虫效果可达80%左右。②灭成虫。因为玉米螟成虫在夜间活动，有很强的趋光性。所以设频振式杀虫灯、黑光灯、高压汞灯等诱杀玉米螟成虫，一般在5月下旬开始诱杀7月末结束，晚上太阳落下开灯，早晨太阳出来闭灯。不但诱杀玉米螟成虫，还能诱杀所有具有趋光性害虫。③灭虫卵。利用赤眼蜂卵寄生在玉米螟的卵内吸收其营养，致使玉米螟卵破坏死亡而孵化出赤眼蜂，以消灭玉米螟虫卵来达到防治玉米螟的目的。方法是：在玉米螟化蛹率达20%后推10天，就是第一次放蜂的最佳时期，6月末到7月初、隔5天为第二次放蜂期，两次每亩放1.5万～2万头效果更好。④灭田间幼虫。可用自制颗粒剂投撒玉米心叶内杀死玉米螟幼虫。第一，玉米心叶中期，用白僵菌粉0.5千克拌过筛的细砂5千克制成颗粒剂，投撒玉米心叶内，白僵菌就寄生在为害心叶的玉米螟幼虫体内，来杀死田间幼虫。第二，在心叶末期，用50%辛硫磷乳油1千克，拌50～75千克过筛的细砂制成颗粒剂，投撒玉米心叶内杀死幼虫，每亩100～135克辛硫磷即可。第三，用自制溴氰菊酯颗粒剂、杀灭菊酯颗粒剂投放在玉米心叶内，每株1～2克。第四，在玉米心叶期，用超低量电动喷雾器，把药液喷施在玉米

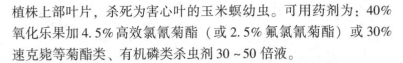

植株上部叶片，杀死为害心叶的玉米螟幼虫。可用药剂为：40%氧化乐果加4.5%高效氯氰菊酯（或2.5%氟氯氰菊酯）或30%速克毙等菊酯类、有机磷类杀虫剂30～50倍液。

5. 异跗萤叶甲

玉米异跗萤叶甲又名玉米旋心虫，俗称玉米蛀虫。成虫体长5毫米左右，头黑褐色，复眼发达、黑色。鞘翅颜色有绿色、棕黄色2种，具光泽。该虫以卵在土中越冬，翌年6月下旬幼虫开始为害，7月上中旬进入为害盛期。

（1）为害症状。幼虫从玉米苗近地面的茎部或茎基部钻入，虫孔褐色，常造成枯心苗，受害重的幼苗死亡。在玉米幼苗期幼虫可转移为害，幼苗长至30厘米左右后，害虫很少转株为害，多在一株内为害。幼虫为害期约45天。7月中下旬幼虫老熟，在土中1～2厘米处作土茧化蛹。7月下旬成虫陆续羽化。成虫啃食玉米叶肉，只留一层表皮，严重时造成花叶。成虫惧光，上午10：00至下午5：00躲在玉米心叶或玉米叶片背面。该虫为害可造成减产10%左右，严重地块可减产20%～30%。

（2）防治方法。一是每亩用25%西维因可湿性粉剂或用20%敌百虫粉剂1～1.5千克，拌细土20千克，搅拌均匀后，在幼虫为害初期顺垄撒在玉米根周围，杀伤转移为害的幼虫。二是发现幼虫为害或田间出现花叶和枯心苗时，用40%辛硫磷乳油1 000～1 500倍液灌根。三是用90%晶体敌百虫1 000倍或80%敌敌畏乳油1 500倍液喷雾防治，每亩用药液60～75千克。

6. 玉米蚜

玉米蚜俗名麦蚰、腻虫、蚁虫，分布在东北、华北、华东、华南、中南、西南等地。

（1）为害症状。玉米蚜在玉米苗期群集在心叶内，刺吸为害。随着植株生长集中为害新生的叶片。孕穗期多密集在剑叶内和叶鞘上为害。边吸取玉米汁液，边排泄大量蜜露，覆盖叶面上的蜜露影响光合作用，易引起霉菌寄生，被害植株长势衰弱，发育不良，产量下降。

（2）防治方法。①农业防治。铲除田间杂草减少虫源；拔除中心芽株的雄穗，减少虫量。②药剂防治。用40%氧化乐果3 000倍液或用50%抗蚜威可湿性粉剂15～20克/亩对水50～75千克喷雾。也可用40%乐果乳剂原液1 000克/亩加水5～6千克/亩，在被害玉米的茎基部，用毛笔或棉花球蘸药涂抹。③利用天敌。玉米蚜虫的天敌主要有蚜茧蜂。

### （五）玉米规模生产苗期生长异常与防治措施

**1. 玉米苗期生长异常的田间表现症状**

玉米苗期有时出现一些异常苗，如黄叶苗、僵化苗、牛尾巴苗等。

（1）黄叶苗。造成黄叶苗的原因主要有：一是播种太深。二是间苗、定苗不及时，互相争肥、争水、争光。三是浇水不足。四是玉米苗期往往正逢雨季，低洼地块排水不良或小麦收割时辗压处积水，造成苗黄。如果苗期遇到长期低温阴雨天气，会造成玉米苗枯病的发生和流行。五是虫害。玉米苗期虫害主要有棉铃虫、金针虫、蚜虫、黏虫、蓟马、瑞典杆蝇、地老虎、耕葵粉蚧等，耕葵粉蚧以若虫和雌成虫集中在玉米幼苗近地表茎基部、根部和叶鞘内，吸收汁液，致使受害玉米叶鞘首先发黄干枯。六是除草剂危害。七是玉米苗期缺铜，酸性土壤玉米苗期缺镁。

（2）红叶苗。造成红叶苗的主要原因有：一是播种质量差。二是春玉米早春遇到低温或播种后出现低温寒潮。三是土壤严重缺氧。四是虫害。地老虎咬食玉米苗根部，引起苗叶发红。

（3）白叶苗。主要由缺素症引起。一是缺硼。玉米苗期缺硼，叶片薄弱难展，叶片呈白色，根系肿大。二是缺钙。苗期缺钙，玉米苗分生组织受阻，影响代谢作用，新生叶面分泌透明胶状物，叶白色。三是缺锌。玉米对锌敏感，若幼苗缺锌，出苗后

2~3 叶时呈白叶苗，叶脉上有白色条纹，生长不良。

（4）褐叶苗。一是缺钾。幼苗缺钾，首先幼叶变淡黄，叶上部有褐色斑点；老叶从叶尖沿叶缘向叶鞘变褐色。二是病害。玉米在低洼潮湿下易发生纹枯病而出现褐色叶，首先从叶鞘向叶片发展，病部表面有褐色菌核。

（5）紫色苗。主要由土壤缺磷引起。玉米苗期缺磷，根系吸收能力弱，体内糖代谢受阻，糖分积累过多导致花青素形成而使叶片呈紫色或紫红色。

（6）僵化苗。玉米从 2~3 叶期开始，幼苗生长变慢，植株矮小，叶片紫红色、黄色、花青色、黑绿色或条纹枯叶、卷叶，早上和傍晚尚好，中午高温强光下卷叶萎蔫严重，直至整个叶片焦枯死亡；地下部虽有新根发生，但根毛较少，吸收功能差。僵化苗一般根部最早出现症状，叶部症状随根部发病后出现，根系吸收、输导水分和养分的功能下降或逐渐丧失。植株矮化、茎秆基部变粗。

（7）畸形苗。主要有矮化苗、君子兰苗、大鞭子苗、蒜薹苗等。①老头苗。表现为植株矮小，生长异常，玉米幼苗的叶片上出现花叶、叶片皱缩，表现出衰老的症状，即农民所称的"老头苗"；重者则玉米幼苗心叶卷曲，常造成萎蔫枯心，形成枯心苗。②君子兰苗。表现为植株矮小、丛生，分蘗较多，叶片伸展异常，植株形状类似花卉君子兰，农民俗称"君子兰苗"。③大鞭子苗。表现为玉米幼苗心叶叶片紧裹，卷曲向上，植株矮缩，叶片变窄、皱褶，叶色变浓，其中，尤以心叶变形显著，常扭成鞭子状，农民俗称"大鞭子苗"。④蒜薹苗。表现为玉米幼苗茎部变扁弯曲、变脆易折，地下初生根、次生根及侧根变短、变粗，植株矮缩。受害严重时心叶严重卷曲成"蒜薹"状，影响心叶继续生长，雄穗、雌穗均不能正常抽出。

2. 玉米规模生产苗期生长异常防治措施

在玉米生产中，由于造成玉米异常苗的因素较多而且复杂，单从某个方面进行防治很难达到理想效果，因此必须采取综合防治措施，对产生玉米异常苗的根源进行预防和治理，才能有效减少玉米异常苗的发病率。

（1）农业防治技术措施。一是选用抗、耐病品种。选用抗性的玉米优良杂交种，不断更换新的抗、耐病品种，可有效地减轻病苗发病率。二是减少病原。在玉米收获后，彻底清除田间病残组织，集中烧毁，减少病虫侵源。三是机械深翻。秋收后及时进行机械深翻土壤。四是轮作倒茬。对发病严重的地块必须进行轮作倒茬，实行大豆—玉米—高粱等作物轮作。五是人工处理病苗。在发病的地块应结合田间定苗，及时拔除病株；对药害致病叶片卷曲的病苗，可用人工的方法剪开、划开卷曲的叶片，露出心叶，促进抽雄。六是清除杂草，加强田间管理。在玉米生长期间，及时清除玉米田间、地边杂草，破坏病虫侵染源的栖息场所。

（2）种子消毒处理。一是使用内吸型杀虫剂。10%吡虫啉可湿粉按种子重量的0.1%拌种。二是使用75%百菌清可湿粉、50%多菌灵可湿粉、80%代森锰锌可湿粉等杀菌剂，按种子量的0.4%进行拌种。

（3）种衣剂防治。最好选择含7%以上克百威成分的种衣剂，防治玉米苗期地下害虫和旋心虫，减少害虫田间为害，提高田间保苗率。

（4）科学使用除草剂。在除草剂选择上应根据田间杂草群落特点选用对作物安全、除草效果好的除草剂品种，发挥除草剂的作用。

### （六）玉米规模生产苗期减灾栽培

玉米苗期常遇到的自然灾害主要有：干旱、涝渍、低温、冰雹、风灾倒伏等。

1. 玉米苗期春旱

春旱是指出现在 3—5 月的干旱，主要影响我国各地春播玉米播种、出苗和苗期生长。春旱对玉米的影响可以概括为：晚、弱、乱和慢。"晚"是指无水源地区，春季干旱导致玉米易错过适宜播种期。"弱"是指出苗后受春旱的玉米，植株矮小、根系弱、叶面积小，最终影响产量。"乱"是指干旱影响播种质量，群体整齐度降低，生长后期大苗欺小苗，空株和小穗株增加。"慢"是指在营养生长期，干旱可延缓玉米生长发育进程，导致抽雄吐丝期推后，灌浆期缩短。

（1）预防玉米春旱。主要采用综合措施，蓄住天上水，保住土中墒，经济有效地提高水分利用率。①因地制宜地采取蓄水保墒耕作技术。冬春降水充沛地区、河滩地、涝洼地等进行秋耕冬耕，同时灭茬灭草。干旱春玉米区、山地、丘陵地，采取高留茬或整秆留茬，春季粉碎还田覆盖；深松整地、不翻动土壤；或免耕播种、耕播一次完成的复合作业。②选择耐旱品种，进行种子处理。因地制宜选用耐旱和丰产性能好的品种；采用干湿循环法处理种子，方法是将玉米种子在 20～25℃温水中浸泡两昼夜，捞出后晾干播种；采用药剂浸种，方法是用氯化钙 1 千克对水 100 升，浸种 500 千克，5～6 小时后即可播种。③地膜覆盖与秸秆覆盖。对于正在播种且温度偏低的干旱地区，可直接挖穴抢墒点播，并覆盖地膜保墒或秸秆覆盖。④抗旱播种。遇到干旱时，可采用：抢墒播种；起干种湿、深播浅盖；催芽或催芽坐水种；免耕播种；坐水播种；育苗移栽。⑤合理密植与施肥。为了保证合理的种植密度，播种时应留足预备苗，以备补栽。有条件的地方，增施有机肥、磷肥和钾肥，适量施用氮肥。⑥抗旱种衣剂和保水抗旱制剂的应用。一类是土壤保水剂，采用玉米拌种、沟施、穴施等方法，提高土壤保墒效果。另一类是蒸腾抑制剂，如黄腐酸、十六烷醇等，进行叶面喷洒，增强抗旱能力。⑦加强苗期田间管理。要勤查苗，早追肥，早治虫，早除草，并结合中耕培土促其快缓苗，早发苗。

（2）干旱后减灾措施。种植玉米发生春旱后，应采取合理措施，减少旱灾损失。①因地制宜，调整种植结构。旱灾严重的地区，特别是无水源保障的地区，应根据旱情发展情况，因地制宜调整种植结构，宜水则水、宜旱则旱。如果无法种植玉米，可种植其他作物，如马铃薯、食用豆、谷、荞麦等。②播种前准备，等雨播种。尽快完成施肥、起垄、整理土壤等播前准备工作，如采用开沟等雨抗旱播种。③苗情诊断，分类采取对策。干旱发生后，应及时查田。对于种子在干土层没有萌发、未出现苗种的地块，要进行穴浇抗旱或等雨出苗；对于出苗较好，达到70%以上的地块，采用推迟定苗时间、留双株等措施来保证群体，等雨后或灌溉后定苗；对于出苗达50%以上地块，建议采用发芽坐水补种早熟玉米品种，有条件地区可采取育苗移栽方式或结合间苗实施补种。对于缺苗在70%以上地块，建议毁种或改种其他熟期较早的作物或早熟玉米。遇到干旱时，对已出苗的地块，要提早中耕，浅中耕。也可用粪水及沼液穴浇抗旱。④培育壮苗，适时抢墒移栽。为抢抓节令，可根据当地情况，选择适宜的育苗移栽技术，如肥球育苗、方格育苗、营养袋育苗、营养钵育苗等，用较少的水实现育苗移栽。移栽可采取抢墒分级、定向规范移栽，移栽深度不少于3厘米，并浇施定根水。玉米移栽的最佳苗龄为一叶一心至三叶一心，若不能适龄移栽，可采用"截断胚根蹲苗、干湿交替炼苗、增施送嫁肥水、叶苗喷施抗旱剂"等应急措施，加强大龄苗的苗床和栽后管理，缩短缓苗期，提高移栽成活率。⑤工程灌溉。针对出苗后干旱较重的地块，利用现有水源和新打机井并创造水源，采取喷灌、软管灌、涌灌、隔沟节水灌溉等工程灌溉进行抗旱。⑥叶面喷施抗旱剂或肥料。按照抗旱剂不同剂型要求配制后进行叶面喷施，也可叶面喷施尿素600~800倍液或磷酸二氢钾800~1 000倍液。⑦加强生物灾害防控。干旱少雨给一些病虫害的发生创造了条件，及早备好药剂和药械，防止病虫害发生蔓延。

夏玉米种植区，在播种季节遇到干旱与春播玉米发生春旱的危害和应对措施基本一致，可参照执行。

2. 玉米苗期涝渍

土壤湿度超过最大持水量90%以上时，玉米就发育不良，玉米受涝，表现为：抑制根系发育；降低叶片光合作用，同化产物向根系分配比例减少；降低土壤有效养分含量；引起根系中毒；影响穗分化和发育；持续的强降雨常导致玉米倒折、倒伏严重；播种出苗期涝渍加重疯顶病、丝黑穗病等发生，后期涝害使感茎腐病品种发病严重。

（1）选用耐涝品种，调整播期，适期播种。不同品种耐涝性显著不同，可以选择耐涝性强的品种。在易涝地区，播种期应尽量避开当地雨涝汛期。

（2）排水降渍，垄作栽培。低洼易涝地及内涝田应疏通田头沟、围沟和腰沟，及时排除田间积水。有条件的地方可根据地形条件在田间、地头挖设蓄水池，将多余的淹涝水排入蓄水池贮存，作为干旱时用水。低洼易涝地区，通过农田挖沟起垄或做成"台田"，在垄台上种植玉米。

（3）中耕松土。涝渍过后易使土壤板结，当地面泛白时要及时中耕松土，或起垄散墒。倒伏的玉米苗，应及时扶正培土。

（4）及时追肥。玉米受涝往往表现为叶黄、秆红，迟迟不发苗，可增施速效氮肥，适当加大磷钾肥用量。对受淹时间长、渍害严重的田块，在施肥的同时喷施高效叶面肥和促根剂，促进恢复生长。

（5）化学调控。针对因雨水多而导致的高脚苗，在中耕除草、起垄散墒等基础上，有针对性喷施玉米健壮素等。

3. 玉米苗期低温

低温常常影响玉米整地和播种，低温冷害影响玉米苗期生长。

（1）玉米苗期低温。在北方春玉米区，初春气温偏低、回暖晚，积雪量大、融化慢，土壤湿渍，常给玉米备耕和春耕带来较大影响，导致整地和春播推迟，可采取以下技术对策。①清除积雪，尽早整地。对于积雪大的地块，在早春化冻前采取机械耙耢，加速积雪融化；对于低洼涝地，采取提前清雪散墒和挖沟、疏渠、加泵等措施，抢排田间积水。一旦土壤化冻一犁深（15～20厘米）时立即采用大型农机具进行整地。有条件地区，尽可能做到灭茬、整地、起垄、播种、镇压一条龙联合作业。②适时抢墒播种。在玉米适播期，一旦温度适宜，土壤墒情适中的地方，要发挥机械作业速度快、播种质量高的优势，扩大机播面积；无法机播的地块，可采取畜力犁播和人工刨埯播种。对于低洼易涝地块，可改平作为垄作。对于秋整地和已抢时春整地的地块，可在适播期内播种。春季尚未整地的田块，巧借地势先岗后平，抓紧起垄，并及时镇压保墒，待温度回升集中播种。坡岗地和一般地块还应注意保墒。必要时可采取地膜覆盖栽培和育苗移栽。③提高播种质量。当土壤5厘米地温稳定在8～10℃，土壤耕层含水量在20%左右时可开犁播种。在适播期集中人力、物力，最大限度地缩短播期，做到种子包衣、用种精量、下籽均匀、深浅一致、覆土严密，争取一播全苗。④催芽补水种。针对晚熟品种，可实施催芽补水播种，一般可抢3天左右积温。以防芽干。具体技术有：一是用45℃左右热水浸种18～24小时，催芽温度28～32℃，每隔2小时搅拌一次，并保持种子上面有5厘米水层，玉米顶芽长出0.5厘米即可播种，一般播后4～6天出苗。二是深开沟、浅覆土。三是采用磷酸二铵5千克深施种下2厘米。⑤加强播后田间管理。及早中耕除草和间苗定苗，及时追肥促苗，促进玉米生长发育和早成熟。

（2）玉米苗期冷害。玉米在播种至出苗期遇到低温，出现种子发芽率降低，出苗和发育推迟，苗弱、瘦小等现象。预防和减

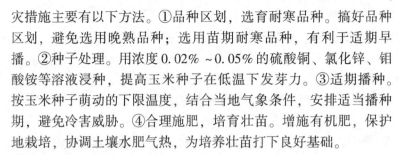

灾措施主要有以下方法。①品种区划，选育耐寒品种。搞好品种区划，避免选用晚熟品种；选用苗期耐寒品种，有利于适期早播。②种子处理。用浓度 0.02% ~ 0.05% 的硫酸铜、氯化锌、钼酸铵等溶液浸种，提高玉米种子在低温下发芽力。③适期播种。按玉米种子萌动的下限温度，结合当地气象条件，安排适当播种期，避免冷害威胁。④合理施肥，培育壮苗。增施有机肥，保护地栽培，协调土壤水肥气热，为培养壮苗打下良好基础。

4. 玉米苗期风灾和雹灾

（1）玉米苗期风灾倒伏。玉米是易受风灾的高秆作物，主要表现为倒伏和茎秆折断。特别是风雨交加常常造成玉米大面积倒伏。倒伏的预防及应对对策主要如下。①选用抗倒伏品种。生产中应选用株型紧凑、穗位或植株重心较低、茎秆组织较致密、韧性强、根系发达、抗风能力强的品种，如郑单958、鲁单981、农大108等。此外抗倒伏品种与易倒伏品种间作混种也是有效措施。②促健栽培，培育壮苗。一是适当深耕，打破犁底层，促进根系下扎。二是增施有机肥和磷、钾肥，切忌偏肥。三是合理密植，大小行种植。四是适当早播，注意早管，高水肥地块注意蹲苗中耕。五是做好玉米螟等病虫防治工作。③适当调整玉米种植行向。风灾严重地区注意调整行向，使气流与行向尽可能一致。④化学调控栽培。在玉米抽雄以前，喷施玉米健壮素、壮丰灵、矮壮素、缩节胺等制剂，延缓或抑制植株节间伸长、促进根系发育，降低植株高度。⑤植树造林，构建防风林带。在风灾严重的地区，应将植树造林、构建防风林带与玉米抗风栽培技术有机结合起来。⑥发生倒伏后，及时采取补救措施。一般苗期和拔节期遇风倒伏，及时扶正就能够恢复直立与生长。如果倒伏严重的可采取扶正并培土。

（2）玉米苗期雹灾。雹灾对玉米的伤害：一是直接砸伤玉米植株，砸断茎秆，叶片破碎。二是冻伤植株。三是土壤表层被雹砸实，地面板结。四是茎叶创伤后感染病害。玉米苗期雹灾预防及应对对策如下。①改良环境，合理布局作物。在冰雹多发地区通过植树造林，或选种抗雹灾能力强的作物，如马铃薯、花生等。而种植玉米时其关键生育期尽量避开雹灾高峰期。②及时田间诊断，慎重毁种。玉米苗期遭受雹灾后恢复能力强，只要生长点未被破坏，都能恢复生长并取得较好收成。因此，一般不需要毁种。③做好雹灾预报。在雹灾常发区上风头处，完善高炮、火箭等防雹设施建设，当有冰雹天气形成时，及时消雹减灾。④雹后管理。雹灾后立即进行逐块检查，对于不需要翻种的玉米，将暴风雨、冰雹压倒的玉米苗，逐棵清洗与扶正，清理冰雹打断的残枝残叶，减少残枝残叶对养分的消耗，并加强追肥、中耕，促进还没有张开的叶片迅速生长。

# 二、玉米规模生产穗期管理技术

## （一）玉米穗期生育特点

玉米从拔节到雄穗开花的一段时间为穗期。春玉米中熟品种35～40天，晚熟品种40～45天；夏玉米一般为27～30天。玉米进入拔节期是指玉米幼茎顶端的生长点（即雄穗生长锥）开始伸长分化的时候，茎基部的地上节间开始伸长，即进入拔节期。玉米生长锥开始伸长的瞬间，植株在外部形态上没有明显的变化，在生理上通常把这短暂的瞬间称之为生理拔节期，这表明玉米雄穗生长锥分化从此时已开始。

拔节期叶龄指数为30%左右，如果已知某品种总叶片数，即可用叶龄指数作为田间技术管理的依据。这一阶段新叶片不断出现，次生根也一层层地由下向上产生，迅速占据整过耕层，到抽雄穗前根系能够延伸到土壤110厘米以下。原来紧缩密集在一起的节间迅速由下向上伸长，此期茎节生长速度最快。

拔节到抽雄穗阶段是玉米一生中非常重要的发展阶段，这一生育阶段在营养生长方面，根、茎、叶增长量最大，株高增加4～5倍，75%以上的根系和85%左右的叶面积均在此期形成。在生殖生长方面有两个重要生育时期，即小喇叭口期和大喇叭口期。小喇叭口期处在雄穗小花分化期和雌穗生长锥伸长期，叶龄指数45%～50%，此期仍以茎叶生长为中心。大喇叭口期处在雄穗四分体时期和雌穗小花分化期，是决定雌穗花数的重要时期，叶龄指数60%～65%。大喇叭口期过后进入孕穗期，雄穗花粉充实，雌穗花丝伸长，以雌穗发育为主，叶龄指数80%左右。到抽雄穗期叶龄指数接近90%。

玉米拔节以后，从单纯的营养生长进入营养生长和生殖生长并重阶段。营养生长速度显著加快，表现为根系快速生长，植株急剧长高，叶面积迅速扩大。生殖生长方面，雄穗、雌穗先后开始分化，为后期的籽粒生产准备了条件。穗期是玉米一生中生长最迅速、器官建成最旺盛的阶段，需要的养分、水分也比较多，必须加强肥水管理，特别是大喇叭口期施肥。

## （二）玉米规模生产的穗期管理措施

穗期是玉米一生中非常重要的发育阶段，是玉米营养生长和生殖生长并重的阶段，也是玉米一生中生长最迅速、器官建成最旺盛的阶段，需要的水分、养分也比较多，必须加强肥水管理，特别是大喇叭口期的肥水管理。

1. 拔除弱株，中耕培土

（1）拔除弱株。大田生产中由于种子、地力、肥水、病虫为害及营养条件的不均衡，不可避免的产生小株、弱株，应及早拔除，以提高群体质量。

（2）及时中耕。穗期一般中耕1～2次：拔节至小喇叭口期应深中耕，大喇叭口期以后中耕宜浅，以促根蓄墒。

（3）适时培土。培土高度一般不超过10厘米。培土时间在大喇叭口期可结合追肥进行。干旱或无灌溉条件的丘陵、山地及干旱年份均不宜培土。

2. 重施攻穗肥

攻穗肥的具体运用应根据地力高低、群体大小、植株长势及苗期施肥情况确定。地力差，或土壤缺肥，攻穗肥应当提前，并酌情增加追肥量；高密度、大群体的地块则应增加追肥量。高产田穗肥占氮肥总追肥量的50%～60%，一般每亩追标准氮肥（尿素）50～75千克；中产田穗肥占氮肥总追肥量的40%～50%，一般每亩追尿素40～50千克；低产田穗肥占30%左右，一般每亩追尿素或相应的其他氮肥20～26千克。目前，高产田玉米一生一般追肥3次或2次。在地力较高，肥水充足，苗势正常的情况下，3次追肥更容易获高产。穗期追肥一般距玉米行8～10厘米，条施或穴施，如果墒情不好，施后应及时适量灌溉，提高肥效。

3. 及时浇水和排灌

根据高产玉米水分管理经验，玉米穗期阶段要灌好两次水。第一次在大喇叭口前后，正是追攻穗肥适期，应结合追肥进行灌溉。灌水时期及灌水量要依据当时土壤水分状况确定。当0～40厘米土壤含水量低于田间相对持水量的70%时就要及时灌溉。第二次在抽雄前后，一般灌水量要大，但也要看天看地，掌握适度。

玉米穗期虽需水量较多，但土壤水分过多，湿度过大时，也会影响根系活力，从而导致大幅度减产。因此多雨年份，积水地块，特别是低洼地，遇涝应及时排水。做到沟渠相通，排水流畅。易涝地块应结合培土挖好地内排水沟。

4. 注意防病虫、防倒伏

玉米病害的防治，重点选用抗病高产良种为主，药剂防治为辅的原则。玉米穗期喷施植物生长调节剂具有明显的防倒增产效果。如在玉米10叶展开时叶面喷施喷施玉米健壮素，可有效防止倒伏，增加穗粒数和千粒重。生产上可根据各种植物生长调节剂的作用和特点，按照产品使用说明，选择适宜的种类并严格掌握浓度和喷施时间。

**（三）玉米规模生产穗期病害识别与防治**

1. 玉米纹枯病

玉米纹枯病发展蔓延较快，已在全国范围内普遍发生，且危害日趋严重。一般发病率在 70% ~ 100%，造成的减产损失在 10% ~ 20%，严重的高达 35%（图 3 – 10）。

图 3 – 10　玉米纹枯病

（1）症状识别。主要为害叶鞘，也可为害茎秆，严重时引起果穗受害。发病初期多在基部 1 ~ 2 茎节叶鞘上产生暗绿色水渍状病斑，后扩展融合成不规则形或云纹状大病斑。病斑中部灰褐色，边缘深褐色，由下向上蔓延扩展。穗苞叶染病也产生同样的云纹状斑。果穗染病后秃顶，籽粒细扁或变褐腐烂。严重时根茎基部组织变为灰白色，次生根黄褐色或腐烂。多雨、高湿持续时间长时，病部长出稠密的白色菌丝体，菌丝进一步聚集成多个菌丝团，形成小菌核。

（2）防治方法。①清除病原及时深翻消除病残体及菌核。发病初期摘除病叶，并用药剂涂抹叶鞘等发病部位。②选用抗（耐）病的品种或杂交种，如渝糯2号（合糯×衡白522）、本玉12号等。实行轮作，合理密植，注意开沟排水，降低田间湿度，结合中耕消灭田间杂草。③药剂防治、用浸种灵按种子重量0.02%拌种后堆闷24～48小时。发病初期喷洒1%井冈霉素0.5千克对水200千克或50%甲基硫菌灵可湿性粉剂500倍液、50%多菌灵可湿性粉剂600倍液、50%苯菌灵可湿性粉剂1 500倍液、50%退菌特可湿性粉剂800～1 000倍液；也可用40%菌核净可湿性粉剂1 000倍液或50%农利灵或50%速克灵可湿性粉剂1 000～2 000倍液。喷药重点为玉米基部，保护叶鞘。④提倡在发病初期喷洒移栽灵混剂，具体方法见移栽灵混剂使用指南。

2. 玉米茎腐病

茎基腐病是由多种病原菌单独或复合侵染造成根系和茎基腐烂的一类病害，主要由腐霉菌和镰刀菌侵染引起，在玉米植株上表现的症状就有所不同。

（1）症状识别。有青枯型茎腐病和细菌型茎腐病两类。①青枯型茎腐病症状：在玉米灌浆期开始根系发病，乳熟后期至蜡熟期为发病高峰期。从始见青枯病叶到全株枯萎，一般5～7天。发病快的仅需1～3天，长的可持续15天以上。玉米茎腐病在乳熟后期，常突然成片萎蔫死亡，因枯死植株呈青绿色，故称青枯病。先从根部受害，最初病菌在毛根上产生水渍状淡褐色病变，逐渐扩大至次生根，直到整个根系呈褐色腐烂，最后粗细根变成空心。根的皮层易剥离，松脱，须根和根毛减少，整个根部易拔出。逐渐向茎基部扩展蔓延，茎基部1～2节处开始出现水渍状梭形或长椭圆形病斑，随后很快变软下陷，内部空松，一掐即瘪，手感明显。节间变淡褐色，果穗苞叶青干，穗柄柔韧，果穗下垂，不易掰离，穗轴柔软，籽粒干瘪，脱粒困难。②细菌型茎腐病症状：主要为害中部叶茎和叶鞘，玉米 10 片叶时，叶梢上出现水渍状腐烂，病组织开始软化，散发出臭味。叶鞘上病斑呈不规则形，边缘浅红褐色，病健组织交界处水渍状尤为明显。湿度大时，病斑向上下迅速扩展，严重时植株常在发病后 3~4 天后病部以上倒折，溢出黄褐色腐臭菌液。病菌存于土壤中病残体上，自植株的气孔或伤口侵入。高温高湿，害虫为害造成伤口时发病严重。

以上两种病常混合发生，区分关键是看病组织是否有腐臭的菌液，如有则为玉米细菌型茎腐病（图 3-11）；否则为玉米青枯型茎腐病（图 3-12）。

**图 3-11 玉米青枯型茎腐病**

（2）防治办法。一是农业措施。①近年该病上升与部分育种材料抗病性差，耕作栽培条件改变有很大关系。因此，选用抗病自交系，培育抗病杂交种是首要防治措施。②引致茎腐病的病原

**图3-12  玉米细菌型茎腐病**

物都是弱寄生菌，保能侵染生长势较弱的植株。加强栽培管理，合理施肥，合理密植，降低土壤湿度等措施可以使植株健壮，减少茎腐病。③合理轮作，深翻土地，清除病残和不施用未腐熟的有机肥，可以减少田间菌源，达到一定的防治效果。

二是药剂防治。①预防。甲霜恶霉灵30毫升加20％的甲基立枯磷1 200倍液对水15千克，进行灌根，7～10天灌1次，连灌2～3次。②发病初期用天达裕丰2 000～2 500倍＋农用抗菌素120 72％链霉素3 000倍＋30％甲霜恶霉灵1 000倍喷施基部2～3次。③发病中前期用30％甲霜恶霉灵30毫升对水15千克，进行灌根，7天灌1次，连灌2～3次。若病原菌同时为害地上部分，应在根部灌药的同时，地上部分同时进行喷雾，每7天用药1次，喷雾时，每15千克水可加入38％恶霜嘧铜菌酯50毫升＋40毫升金贝或沃丰素。④发病中后期，病情严重时，为了见效更快，在灌根或喷雾时，可添加一些化学药剂，如恶霜嘧铜菌酯50毫升＋恶霉灵15克或甲霜灵·锰锌25克或20％叶枯唑20克。

3. 玉米褐斑病

玉米褐斑病是近年来在我国发生严重且较快的一种玉米病害。该病害在全国各玉米产区均有发生，其中，在河北省、山东省、河南省、安徽省、江苏省等省为害较重（图3-13）。

**图3-13　玉米褐斑病**

（1）症状识别。发生在玉米叶片、叶鞘及茎秆，先在顶部叶片的尖端发生，以叶和叶鞘交接处病斑最多，常密集成行，最初为黄褐多功能或红褐色小斑点，病斑为圆形或椭圆形到线形，隆起附近的叶组织常呈红色，小病斑常汇集在一起，严重时叶片上出现几段甚至全部布满病斑，在叶鞘上和叶脉上出现较大的褐色斑点，发病后期病斑表皮破裂，叶细胞组织呈坏死状，散出褐色粉末（病原菌的孢子囊），病叶局部散裂，叶脉和维管束残存如丝状。茎上病多发生于节的附近。

（2）防治方法。一是农业措施。①玉米收获后彻底清除病残体组织，并深翻土壤；②施足底肥，适时追肥，一般应在玉米4～5叶期追施苗肥，追施尿素（或氮、磷、钾复合肥）10～15

千克/亩，发现病害，应立即追肥，注意氮、磷、钾肥搭配；③选用抗病品种，实行 3 年以上轮作；④施用日本酵素菌沤制的堆肥或充分腐熟的有机肥，适时追肥、中耕锄草，促进植株健壮生长，提高抗病力；⑤栽植密度适当稀植（大穗品种 3 500 株/亩，耐密品种也不超过 5 000 株/亩），提高田间通透性。

二是药剂防治。①提早预防。在玉米 4～5 片叶期，每亩用 25%的粉锈宁 1 000 倍液或 25%戊唑醇 1 500 倍液叶面喷雾，可预防玉米褐斑病的发生；②及时防治。玉米初发病时立即用 25%的粉锈宁可湿性粉剂 1 500 倍液喷洒茎叶或用防治真菌类药剂进行喷洒。为了提高防治效果可在药液中适当加些叶面肥，如磷酸二氢钾、磷酸二铵水溶液、多元微肥等，结合追施速效肥料，即可控制病害的蔓延，且促进玉米健壮，提高玉米抗病能力。根据目前多雨的气候特点，喷杀菌药剂应 2～3 次，间隔 7 天左右，喷后 6 小时内如下雨应雨后补喷。

### （四）玉米规模生产穗期虫害识别与防治

玉米穗期的主要虫害有棉铃虫、玉米螟、黏虫、红蜘蛛、夜蛾、双斑莹虫甲等。

#### 1. 棉铃虫

也叫钻心虫，是世界性大害虫。我国各地均有发生，以黄河流域为害最严重，是常发区。棉铃虫的食性杂、寄主种类多，近几年，绝大多数绿色植物上都有棉铃虫的卵和幼虫为害，而且对玉米的为害也呈明显加重趋势（图 3 – 14）。

（1）为害症状。产卵部位多在雌穗刚吐出的花丝上和刚抽出的雄穗上。幼虫孵化后先食卵壳，以后取食幼嫩的花丝或雄穗，也取食叶片。幼虫 3 龄前多在外面活动为害，这是施药防治的有利时机，3 龄以后多钻蛀到苞叶内为害玉米穗，取食量和对玉米穗的为害程度明显比玉米螟大，也不易防治。

（2）防治方法。①玉米收获后，及时深翻耙地，坚持实行冬

图 3 – 14 玉米棉铃虫

灌，可大量消灭越冬蛹。②合理布局。在玉米地边种植诱集作物如洋葱、胡萝卜等，于盛花期可诱集到大量棉铃虫成虫，及时喷药，聚而歼之。于各代棉铃虫成虫发生期，在田间设置黑光灯、性诱剂或杨树枝把，可大量诱杀成虫。③在棉铃虫卵盛期，人工饲养释放赤眼蜂或草蛉，发挥天敌的自然控制作用。也可在卵盛期喷施每毫升含 100 亿个以上孢子的 Bt 乳剂 100 倍液，或喷施棉铃虫核多角体病毒（NPV）1 000 倍液。④化学防治可在幼虫 3 龄以前，用 75% 拉维因 3 000 倍液，或 50% 甲胺膦 1 000 倍液，或50% 辛硫磷 1 000 倍液，均匀喷雾。

2. 玉米黏虫

玉米黏虫是一种具有远距离迁飞和短时间内暴发成灾的毁灭性害虫，俗称行军虫、夜盗虫，全国各地均有分布（图 3 – 15）。

（1）为害症状。主要以幼虫取食玉米心叶或叶鞘为害。食性很杂，尤其喜食禾本科植物。幼龄幼虫时咬食叶组织，形成缺刻，5～6 龄幼虫为暴食阶段，蚕食叶片，啃食穗轴。大发生时常

图 3-15 玉米黏虫

将叶片全部吃光，仅剩光秆，抽出的麦穗、玉米穗亦能被咬断。当食料缺乏时幼虫成群迁移为害，老熟后则停止取食。

（2）防治方法。防治黏虫要做到捕蛾、采卵及杀灭幼虫相结合。①诱捕成虫。利用成虫产卵前需补充营养，容易诱杀在尚未产卵时的特点，以诱捕方法把成虫消灭在产卵之前。用糖醋液夜晚诱杀。糖醋液配比为糖3份、酒1份、醋4份、水2份，调匀即可。②诱卵、采卵。利用成虫产卵习性，把卵块消灭于孵化之前。从产卵初期到盛期，在田间插设小谷草把，在谷草把上洒糖醋酒液诱蛾产卵，防治效果很好。③化学防治。冬小麦收割时，为防止幼虫向秋田迁移为害，在邻近麦田的玉米田周围以2.5%敌百虫粉，撒成12厘米宽药带进行封锁；玉米田在幼虫3龄前以20%杀灭菊酯乳油15~45克/亩，对水50千克喷雾，或用5%灭扫利乳油、或2.5%溴氰菊酯乳油、或20%速灭杀丁乳油1 500~2 000倍液防治。2.5%敌百虫晶体1 000~2 000倍液、或10%大功臣2 000~2 500倍液喷雾防治，效果都很好。④生物防治。低龄幼虫期以灭幼脲1~3号200毫克/千克防治黏虫幼虫药效在94.5%以上，且不杀伤天敌，对农作物安全，用量少不污染环境。

3. 红蜘蛛

学名玉米叶螨，主要有截形叶螨、二斑叶螨和朱砂叶螨 3 种，已成为危害玉米的主要害虫（图 3 – 16）。

**图 3 – 16　玉米红蜘蛛**

（1）为害症状。玉米叶螨在叶背吸食，被害玉米叶片轻者产生黄白斑点，以后呈赤色斑纹；危害加重时出现失绿斑块，叶片卷缩，呈褐色，如同火烧，直至整叶干枯，损失极为惨重。一般下部叶片先受害，逐渐向上蔓延。红蜘蛛为害后会影响玉米营养物质的运输，千粒重降低，造成玉米种子的产量和品质下降。

（2）防治方法。①农业防治。深翻土地，将害螨翻入深层；早春或秋后灌水，将螨虫淤在泥土中窒息死亡；清除田间杂草，减少害螨食料和繁殖场所；避免玉米与大豆间作。②药剂防治。当叶螨在田边杂草上或边行玉米点片发生时，进行喷药防治，以防扩散蔓延。可用 20% 三氯杀螨醇乳油、73% 克螨特乳油或 5% 尼索朗乳油 1 500 倍液喷雾防治。其他防治麦红蜘蛛的药剂亦可用于防治玉米红蜘蛛。

4. 夜蛾

又名甜菜夜蛾、玉米叶夜蛾。全国各地均有发生（图3－17a和图3－17b）。

a                              b

**图3－17　玉米夜蛾**

（1）为害症状。幼虫初孵幼虫先取食卵壳，后陆续从绒毛中爬出，1~2龄常群集在叶背面为害，吐丝、结网，在叶内取食叶肉，残留表皮而形成"烂窗纸状"破叶。3龄以后的幼虫分散为害，严重发生时可将叶肉吃光，仅残留叶脉，甚至可将嫩叶吃光。幼虫体色多变，但以绿色为主，兼有灰褐色或黑褐色，5~6龄的老熟幼虫体长2厘米左右。幼虫有假死性，稍受惊吓即卷成"C"状，滚落到地面。幼虫怕强光，多在早、晚为害，阴天可全天为害。

（2）防治方法。在防治时要掌握早防早控，当发现田间有个别植株发生倾斜时要立即开始防治。

一是农业措施：及时清除玉米苗基部麦秸、杂草等覆盖物。

二是化学防治：①撒毒饵。亩用炒香的麦麸2~3千克对适量水加48%毒死蜱乳油300克拌成毒饵，于傍晚顺垄撒在玉米基部。②毒土。亩用80%敌敌畏乳油300毫升拌25千克细土，于早晨顺垄撒施玉米基部，防效较好。③灌药。随水灌药，亩用48%毒死蜱乳油1千克，在浇地时灌入田中。④滴灌施药。可将工农16型喷雾器喷头拧下，逐株顺茎滴药液，或用直喷头喷根茎部。药剂可选用48%毒死蜱乳油1 500倍液、或4.5%高效氟氯氰菊酯乳油2 500倍液。药液量要大,保证渗到玉米根部周围害虫易藏匿的地方。

5. 双斑萤叶甲

双斑萤叶甲是近几年玉米生产上的一种新发生害虫,主要以成虫危害玉米叶片和雌穗(图3-18)。

图3-18 双斑萤虫甲

(1)为害症状。为害玉米叶片时,自上而下取食玉米植株嫩叶叶肉,仅留表皮,造成叶片孔洞或残留网状叶脉,严重影响光合作用;为害玉米雌穗时,咬断取食花丝、雌穗,影响玉米授粉、结实。该虫具有群聚性和迁飞性,喜高温干燥,对光、温的强弱较敏感。中午光线强温度高,在农田活动旺盛,飞翔力强,取食叶片量大;早晨、傍晚光线弱温度低时活动力差,常躲在叶片背面栖息。

(2)防治方法。①农业措施。及时铲除田间、地埂、渠边杂草,玉米收后深翻灭卵,破坏栖息场所,均可减轻为害。②药剂防治。在成虫盛发期，产卵之前（8月上中旬），选用48%毒死蜱1 500倍液，或2.5%三氟氯氰菊酯2 000倍液，或4.5%氯氰菊酯乳油1 500倍液喷雾，每隔7～10天喷施1次，连用2～3次。

### （五）玉米规模生产穗期自然灾害与减灾栽培

玉米穗期常遇到的自然灾害主要有：干旱、涝渍、高温、冰雹、风灾倒伏等。

#### 1. 伏旱

伏旱发生的时期正是玉米由以营养生长为主向生殖生长过渡并结束过渡的时期，叶面积指数和叶面蒸腾达到最高值，生殖生长和体内新陈代谢旺盛，同时进入开花、授粉阶段，为玉米需水临界期和产量形成的关键需水期，对产量影响极大。伏旱一般发生在高岗地、坡地、沙地等种植的玉米田。玉米抽雄穗吐丝期发生伏旱，影响授粉，秃尖较长，严重时出现空秆。

（1）耕作施肥。增施有机肥，深松改土，培肥地力，提高土壤缓冲能力和抗旱能力。

（2）有效灌溉。在有灌溉条件的田块，采取一切措施，集中有限水源，浇水保苗，推广喷灌、滴灌、垄灌、隔垄交替灌等节水灌溉技术；水源不足的地方采取输水管或水袋灌溉，扩大浇灌面积，减轻干旱损失。

（3）田间管理。有灌溉条件的田块，在灌溉后采取浅中耕，切断土壤表层毛细管，减少蒸发；无灌溉条件的等雨蓄水，可采取中耕锄、高培土措施，减少土壤蒸发，增加土壤蓄水量，起到保墒作用。

（4）根外喷施。叶面喷施腐殖酸类抗旱剂，可增加植物的抗旱性；也可喷施尿素、磷酸二氢钾水溶液及过磷酸钙、草木灰过滤浸出液。

（5）辅助授粉。高温干旱期间，可用竹竿赶粉或采粉涂抹等人工辅助授粉法，增加结实率。

（6）防治病虫。做好病虫害监测，及时发布预警信息，提供防治对策。最好采用集中连片专防统治。

（7）及时补种。绝收地块及时收割腾地，发展保护地栽培或种植蔬菜、小杂粮等短季作物。

2. 卡脖旱

卡脖旱是玉米抽雄前 10～15 天至抽雄后 20 天是玉米一生中需水最多、耗水最大时期，是水分临界期，对水分特别敏感。此时缺水，雄穗处于密集的叶丛中，抽出困难，叶节间密集而短，直接影响到雌穗的授粉，雄穗或雌穗抽不出来，似卡脖子，故名卡脖旱。卡脖旱影响抽雄穗和小花分化，幼穗发育不好，果穗小，籽粒少；还会造成雄、雌穗间隔期太长，授粉不良，降低结实率，严重影响产量。

预防及应对卡脖旱，主要是施足基肥浇好水，以保证植株良好生长和雄穗正常分化，防治卡脖旱。其他措施见伏旱部分。

3. 涝渍

玉米拔节期、雌穗开花期，如果受涝，严重影响雌、雄穗的发育，穗粒数少，导致减产。

玉米穗期发生涝害，可采取隔行或隔株去雄、打底叶、断根等促早熟措施。其他措施见玉米苗期涝害防治措施。

4. 高温

玉米对玉米生长影响表现在：影响光合作用；加速生育进程，缩短生育期；对雌穗、雄穗发育影响；易引发病害；影响产量和品质。玉米热害指标，以中度热害为准，苗期 36℃，生殖期 32℃，成熟期 28℃。以全生育期平均气温为准，轻度热害为 29℃，中度热害 33℃，严重热害 36℃。

（1）选育推广耐热品种，预防高温危害。耐热品种一般具有高温下授粉、结实良好，叶片短、直立上冲，叶片较厚、持绿时间长，光合积累效率高等特点。

（2）调节播期。高温干旱期间一般集中发生在 6 月下旬至 8 月上旬。因此春玉米 4 月上旬适当覆膜早播，夏玉米可推迟 6 月中旬播种，这样开花授粉期避开高温天气。

（3）人工授粉。如果在开花散粉期遇到38℃以上持续高温天气，可采用人工辅助授粉，减轻高温对玉米授粉受精的影响过程，提高结实率。

（4）宽窄行种植。采用宽窄行种植有利于改善田间通风透光条件，培育健壮植株，增加对高温伤害的抵御能力。

（5）田间管理。一是科学施肥。增施有机肥，重施基肥，重视微肥；玉米出苗后早施苗肥促壮秆；大喇叭口期至抽穗前主攻穗肥。另外结合灌水，以水调肥。高温时期叶面喷肥。二是苗期蹲苗锻炼。出苗后 10～15 天进行 20 天左右的蹲苗，减轻花期高温影响。三是适时灌水。高温常伴随干旱发生，高温期间提前喷灌水，降低田间温度。

5. 风灾和雹灾

（1）风灾。玉米穗期遭受大风，易使植株层叠铺倒，影响叶片光合作用和根系呼吸，下层植株果穗灌浆进度缓慢，加上病虫鼠害，产量大幅度下降。玉米穗期的风灾预防可参考玉米苗期。而风灾发生后，要及时采取补救措施，恢复生长，减少损失。①及时培土扶正。如果小喇叭口期玉米倒伏程度不超过45°角，经过 5～7 天，可自然恢复生长。大喇叭口期后遇风灾发生倒伏，需要人工扶起并培土固牢。若未及时采取措施，地下节根侧向下扎，植株将不能直立起来，必须及时采取措施，对根倒、茎倒伏的玉米抓紧时间扶苗；对茎折的玉米要及时拔除，为其他玉米创造良好生长条件。②加强管理，促进生长。灾后及时排水，在晴天墒情合适以后，加大后期管理措施，如及时扶直植株、培土、中耕、破除板结，改善土壤通透性。根据受灾程度，增施速效氮肥，加速植株生长能力。

（2）雹灾。玉米除及时按苗期玉米做好雹灾预防外，雹灾后应及时进行逐块检查，做好相应措施。一是及时中耕松土。土壤表层干燥后，及时锄地、中耕、松土，破除板结，提高地温，促进根系发育。二是追施速效氮肥和叶面肥。如果雹灾时雨量小，墒情不足，追肥后及时浇水。玉米大喇叭口期受雹灾，可用磷酸二氢钾叶面喷施 2～3 次。三是挑开缠绕在一起的破损叶片，以使新叶能顺利长出。

# 三、玉米规模生产花粒期管理技术

## （一）玉米花粒期生育特点

玉米雄穗开花到籽粒成熟期称为花粒期。春玉米一般 50～65 天，夏玉米一般 35～55 天。从开花期始，玉米进入以开花、吐丝、受精以及籽粒建成为中心的生殖生长阶段，籽粒是玉米该阶段生长的核心，在营养物质中占重要地位，玉米成熟籽粒干物质的 80%～90% 是在此阶段合成的，其余部分来自茎叶的贮存性物质和从根系吸收的矿物营养。

玉米抽雄以后所有叶片均已展开，株高已经定型，除了气生根略有增长外，营养生长基本结束，转入以生殖生长为中心。该阶段玉米生育特点是：茎、叶基本停止增长，雄花、雌花先后抽出，接着开花、受精、胚乳母细胞分裂，籽粒灌浆充实，直至成熟。开花授粉阶段既是需肥的高峰期，又是需水的临界期，对光照条件也很敏感，缺肥、缺水或低温阴雨都能造成严重减产。授粉以后进入籽粒生产期，叶片高效率地进行光合作用，把合成的糖类运到籽粒中储存起来，只有 10%～20% 的籽粒产量来自开花前茎叶和穗轴的贮存物质，80%～90% 的籽粒产量是在吐丝到成熟这段时间内完成的。灌浆期的绿叶面积越大，叶片光合效率越高，灌浆时间越长，籽粒就越充实，产量就越高。

## （二）玉米规模生产的花粒期管理措施

玉米花粒期田间管理的中心任务是保叶护根，防止早衰。在田间管理上，应根据田间植株长势长相，灵活运用促控措施，保障肥水供应，防止早衰与倒伏，协调群体与个体、植株地上部分与地下部分生长，让玉米沿着群体较大，结构合理和壮株、穗大、粒多、粒重方向发展，实现高产。

### 1. 补施粒肥

实践证明，玉米生长后期叶面积大，光合效率高，叶片功能期长，是实现高产的基本保证。而玉米绿叶活秆成熟的重要保证之一就是花粒期有充足的无机营养。因此，应酌情追施攻粒肥。

攻粒肥一般在雌穗开花前后追肥，以速效氮肥为主，追肥量占总施肥量的 10%～20%，注意肥水结合。高产玉米栽培，生育后期需肥量较大，特别是对灌浆期表现缺肥的地块，还可采用叶面追肥的方法快速补给。据试验，玉米灌浆期间用 1%～2% 的尿素溶液、3%～5% 的过磷酸钙浸出液或 0.1%～0.2% 磷酸二氢钾溶液叶面喷施，延长了叶片功能期，千粒重可增加 7% 以上。

### 2. 及时浇水与排涝

加强花粒期水分管理，是保根、保叶、促粒的主要措施。有浇水条件的地块，在玉米花粒期应灌好两次关键水，即第一次在开花至籽粒形成期，是促粒数的关键水；第二次在乳熟期，是增加粒重的关键水。但花粒期灌水要做到因墒而异，灵活应用，砂壤土、轻壤土应增加灌水次数；黏土、壤土可适时适量灌水；群体大的应增加灌水次数及灌水量。籽粒灌浆过程中，如果田间积水，应及时排涝，以防涝害减产。

### 3. 隔行去雄穗与辅助授粉

去雄穗应在雄穗刚抽出而尚未开花散粉时进行。过早易带出叶片，影响光合面积；过晚雄穗已开花散粉，影响去雄穗增产效

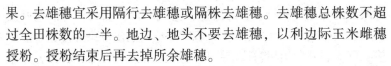

果。去雄穗宜采用隔行去雄穗或隔株去雄穗。去雄穗总株数不超过全田株数的一半。地边、地头不要去雄穗，以利边际玉米雌穗授粉。授粉结束后再去掉所余雄穗。

人工辅助授粉，可减少秃顶、缺粒，增加穗粒数。辅助授粉对抽丝偏晚的植株以及群体偏大、弱株较多的地块效果更明显。人工授粉一般在盛花末期、晴天 9：00～11：30 进行，应边采粉边授粉。

**4. 中耕除草，防治虫害**

后期浅中耕，有破除土壤板结层、松土通气、除草保墒的作用，有利于微生物活动和养分分解，即可促进根系吸收，防止早衰，提高粒重，又为后茬作物播种创造有利条件。有条件的，可在灌浆后期顺行浅锄 1 次。玉米花粒期常有玉米螟、蚜虫、黏虫和棉铃虫等为害。由于玉米抽雄、开花期的平均气温、相对湿度非常适宜蚜虫、螟虫发生危害，如果不及时防治，会造成严重减产。

**（三）玉米规模生产花粒期病害识别与防治**

玉米花粒期常见的病害主要有丝黑穗病、大斑病、弯孢菌叶斑病、小斑病、锈病、瘤黑粉病和穗粒腐病等。

**1. 玉米丝黑穗病**

玉米丝黑穗病是玉米产区的重要病害，尤其以华北、西北、东北和南方冷凉山区的连作玉米地块发病较重，发病率 2%～8%，严重地块可达 60%～70%，造成严重减产。目前，丝黑穗病由次要病害上升为主要病害。

（1）症状识别。主要侵害玉米雌穗和雄穗。一般在出穗后显症，雄穗染病有的整个花序被破坏变黑；有的花器变形增生，颖片增多、延长；有的部分花序被害，雄花变成黑粉。雌穗染病较健穗短，下部膨大顶部较尖，整个果穗变成一团黑褐色粉末和很多散乱的黑色丝状物；有的增生，变成绿色枝状物；有的苞叶变狭小，簇生畸形，黑粉极少（图3-19）。偶尔侵染叶片，形成长梭状斑，裂开散出黑粉或沿裂口长出丝状物。病株多矮化，分蘖增多。

**图3-19　玉米丝黑穗病**

（2）防治方法。防治策略应以种子处理为主，及时消灭菌源、采用种植抗病品种等农业措施相结合的综合防治措施。①选用优良抗病品种。选用抗病品种是解决该病的根本性措施。抗病的杂交种有丹玉13、掖单14、豫玉28等。②播前种子处理。在生产上推广使用以下几种药剂进行种子处理：一是用有效成分占种子重量0.2%~0.3%的粉锈宁和羟锈宁拌种，是较为有效的方法；20%萎锈灵1千克，加水5千克，拌玉米种75千克，闷4小时效果也很好。二是速保利按40~80克有效成分与100千克种子拌种。三是用0.3%的氧环宁缓释剂拌种，防效可达90%以上。四是用50%多菌灵可湿性粉剂按种子重量0.3%~0.7%用量拌种，或甲基托布津50%可湿性粉剂按种子重量0.5%~0.7%用量拌种。五是用50%矮壮素液剂加水200倍，浸种12小时，或再用多菌灵、甲基托布津拌种。六是选用包衣种子也具有很好的防治效果。③拔除病株。可结合间苗、定苗及中耕除草等予以拔除病苗、可疑苗，拔节至抽穗期病菌黑粉末散落前拔除病株，抽雄后继续拔除，彻底扫残。拔除的病株要深埋、烧毁，不要在田间随意丢放。④加强耕作栽培措施。一是合理轮作。与高粱、谷子、大豆、甘薯等作物，实行 3 年以上轮作。二是调整播期以及提高播种质量播期适宜并且播种深浅一致，覆土厚薄适宜。三是施用净肥减少菌量。禁止用带病秸秆等喂牲畜和作积肥。肥料要充分腐熟后再施用，减少土壤病菌来源。另外，清洁田园，处理田间病株残体，同时秋季进行深翻土地，减少病菌来源，从而减轻病害发生。四是加强检疫，各地应自己制种，外地调种时，应做好产地调查，防止由病区传入带菌种子。

2. 玉米大斑病

玉米大斑病是玉米的重要叶部病害。我国以东北、华北北部、西北和南方山区的冷凉地区发病较重。

（1）症状识别。玉米大斑病往往从下部叶片开始发病，逐渐向上扩展。苗期很少发病，抽雄穗后发病加重。病菌主要为害叶片，严重时也可为害叶鞘、苞叶和籽粒。发病部位首先出现水渍状小斑点，然后沿叶脉迅速扩大，形成黄褐色或灰褐色梭形大斑，病斑中间颜色较浅，边缘较深（图 3 - 20）。病斑一般长 5 ~ 20 厘米、宽 1 ~ 3 厘米，严重发病时，多个病斑连片，植株枯死。枯死株部腐烂，雌穗倒挂，籽粒干瘪。

（2）防治方法。防治策略以推广和利用抗病品种为主，加强栽培管理，辅以必要的药剂防治。①种植抗病、耐病品种是防治玉米大斑病的主要措施。如农大 60、登海 11 号、郑单 958 等。②当植株从营养生长过渡到生殖生长时最易受到病菌的侵染，因此加强田间管理，使植株生长健壮，可抵抗病菌的侵染。由于该病发生于中、后期，适当早播可避免病害的流行。③改善栽培技术，实行合理轮作，减少初次侵染源。避免玉米连作，实行玉米

**图 3 - 20　玉米大斑病**

大豆间作，或与小麦、花生、甘薯等间作套种。同时搞好田间卫生，及时清除病株和打除底叶。④喷药防治，一般于病情扩展前防治，即在玉米抽雄后，当田间病株率达 70% 以上，病叶率 20% 时开始喷药。用 50% 退菌特 800 倍液，或用 90% 可湿性代森锌 400 ~ 500 倍液，或用 50% 可湿性敌菌灵 500 倍液，喷雾 2 ~ 3 次，可达到一定防治效果。

3. 玉米弯孢菌叶斑病

玉米弯孢菌叶斑病俗称黄斑病，是我国继玉米大斑病及小斑病之后又一严重危害玉米的叶斑病，近年来呈发展蔓延上升趋势，一般减产 20% ~ 30%，个别地块达 50% 以上，甚至绝产。

（1）症状识别。玉米弯孢菌叶斑病主要为害叶片，也为害叶鞘和苞叶。初为褪绿小点，逐渐扩展成圆形或椭圆形病斑。在感病品种上病斑较大，宽 1 ~ 2 毫米，长 1 ~ 4 毫米，中央苍白色、黄褐色，边缘有较宽的环带，最外围有较宽的半透明草黄色晕圈，数个病斑相连可形成叶片坏死区。由于弯孢菌叶斑病在不同品种上，特别是在抗病及感病品种上，病斑大小、形状、晕圈宽窄等特征差异极大，且容易与其他叶斑病相混淆，所以，对其诊断应格外谨慎和注意（图3-21）。

图3-21 玉米弯孢菌叶斑病

（2）防治方法。一是选种抗病品种。高抗的自交系和杂交种有：苏唐白、豫12、豫20、唐抗5、中单2、冀单22、丹玉13、8503、廊玉6等，可因地制宜地选种。二是栽培防治。大面积清除田间植株病残体，杜绝和减少初侵染来源；适当早播；增施有机肥料和氮肥。三是药剂防治。通过对28种农药的药效测定及部分农药的田间试验，40%福星乳油5 000～10 000倍液防治效果最佳，可达90%以上。50%代森锰锌可湿性粉剂500～1 000倍液、50%退菌特可湿性粉剂500～1 000倍液和40%福美砷可湿性粉剂500～1 000倍液的效果次之，一般达70%以上。但福星价格较高，后3种价格较低，可交替使用。一般病株率达10%左右时开始喷药防治，先用保护剂后用内吸剂，10～15天喷1次，连喷3～4次，交替使用既可保证效果，又肥降低防治成本，还可延续产生抗药性，好处很多，可大面积应用。

4. 玉米小斑病

玉米小斑病是全世界玉米区普遍发生的一种叶部病害，以温度较高、湿度较大的丘陵区发病较多。一般夏播玉米比春播玉米发病重（图3-22）。

图3-22　玉米小斑病

（1）症状识别。玉米从幼苗到成株期均可造成较大的损失，以抽雄、灌浆期发病重。病斑主要集中在叶片上，一般先从下部叶片开始，逐渐向上蔓延。病斑初呈水渍状，后变为黄褐色或红褐色，边缘色泽较深。病斑呈椭圆形、近圆形或长圆形，大小为（10~15）毫米×（3~4）毫米，有时病斑可见2~3个同心纶纹。

（2）防治方法。一是因地制宜选种抗病杂交种或品种。二是加强农业防治。清洁田园，深翻土地，控制菌源；摘除下部老叶、病叶，减少再侵染菌源；降低田间湿度；增施磷、钾肥，加强田间管理，增强植株抗病力。三是药剂防治。发病初期喷洒75%百菌清可湿性粉剂800倍液或70%甲基硫菌灵可湿性粉剂600倍液、25%苯菌灵乳油800倍液、50%多菌灵可湿性粉剂600倍液，间隔7~10天1次，连防2~3次。

5. 玉米锈病

玉米锈病为玉米生长中、后期的病害，我国东北、西北、华北、华东、华南及西南地区均有发生（图 3 - 23）。

图 3 - 23 玉米锈病

（1）症状识别。主要侵染叶片，严重时也可侵染果穗、苞叶乃至雄花。初期仅在叶片两面散生浅黄色长形至卵形褐色小脓疱，后小疱破裂，散出铁锈色粉状物，即病菌夏孢子；后期病斑上生出黑色近圆形或长圆形突起，开裂后露出黑褐色冬孢子。

（2）防治方法。一是种植优良抗病的杂交种。二是合理施肥。采用配方施肥，施磷肥、钾肥，避免偏施氮肥，以提高植株的抗病性。三是栽培措施。适当早播，合理密植，中耕松土，浇适量水。四是药剂防治。使用化学药剂的作用是抑制孢子萌发和防治病害。第一，在孢子高峰期用药对孢子萌发有抑制作用。97％敌锈纳原药250～300 倍液、50％退菌特可湿性粉剂 800 倍液喷雾。第二，在玉米锈病的发病初期用药防治。0.2 波美度石硫合剂、25％粉锈宁可湿性粉剂 1 000～1 500倍液、12.5％速保利可湿性粉剂 3 000倍液、50％多菌灵可湿性粉剂 500～1 000倍液、20％萎锈灵乳油 400 倍液、97％敌锈纳原药 250 倍液喷雾、30％

特富灵可湿性粉剂 2 000 倍液、40% 福星乳剂 9 000 倍液、50% 胶体硫 200 倍液。

6. 玉米瘤黑粉病

玉米瘤黑粉病广泛分布在各玉米栽培地区，常为害玉米叶、秆、雄穗和果穗等部位幼嫩组织，产生大小不等的病瘤（图 3 – 24）。

图 3 – 24　玉米瘤黑粉病

（1）症状识别。瘤黑粉病的主要诊断特征是在病株上形成膨大的肿瘤。玉米的雄穗、果穗、气生根、茎、叶、叶鞘、腋芽等部位均可生出肿瘤，但形状和大小变化很大。肿瘤近球形、椭球形、角形、棒形或不规则形，有的单生，有的串生或叠生，小的直径不足 1 厘米，大的长达 20 厘米以上。肿瘤外表有白色、灰白色薄膜，内部幼嫩时肉质，白色，柔软有汁，成熟后变灰黑色，坚硬。玉米瘤黑粉病的肿瘤是病原菌的冬孢子堆，内含大量黑色粉末状的冬孢子，肿瘤外表的薄膜破裂后，冬孢子分散传播。

玉米病苗茎叶扭曲，矮缩不长，茎上可生出肿瘤。叶片上肿瘤多分布在叶片基部的中脉两侧，以及相连的叶鞘上，病瘤小而多，常串生，病部肿厚突起，成泡状，其反面略有凹入。茎秆上的肿瘤常由各节的基部生出，多数是腋芽被侵染后，组织增生，形成肿瘤而突出叶鞘。雄穗上部分小花长出小型肿瘤，几个至十几个，常聚集成堆。在雄穗轴上，肿瘤常生于一侧，长蛇状。果穗上籽粒形成肿瘤，也可在穗顶形成肿瘤，形体较大，突破苞叶而外露，此时仍能结出部分籽粒，但也有的全穗受害，变成为一个大肿瘤。

（2）防治方法。一是种植抗病品种。二是农业防治病田实行2～3年轮作；施用充分腐熟的堆肥、厩肥；玉米收获后及时清除田间病残体，秋季深翻；适期播种，合理密植；加强肥水管理，均衡施肥；抽雄前后适时灌溉，防止干旱。三是药剂防治。种子带菌是田间发病的菌源之一。对带菌种子，可用杀菌剂处理。例如，用50%福美双可湿性粉剂，按种子重量0.2%的药量拌种；或25%三唑酮可湿性粉剂，按种子重量0.3%的用药量拌种；或2%戊唑醇湿拌种剂用10克药，对少量水成糊状，拌玉米种子3～3.5千克等。有人主张在玉米未出土前用15%三唑酮可湿性粉剂750～1 000倍液，或用50%克菌丹可湿性粉剂200倍液，进行土表喷雾，以减少初侵染菌源。在肿瘤未出现前，用三唑酮、烯唑醇、福美双等杀菌剂对植株喷药，以降低发病率。

7. 玉米穗粒腐病

玉米穗粒腐病是玉米生产上危害严重的一种病害，根据病原物不同可分为镰刀菌属穗粒腐病、曲霉穗粒腐病、青霉穗粒腐病和色二孢属菌引起的干腐病等（图3－25）。

（1）症状识别。果穗从顶端或基部开始发病，大片或整个果穗腐烂，病粒皱缩、无光泽、不饱满，有时籽粒间常有粉红色或灰白色菌丝体产生。另外，有些症状只在个别或局部籽粒上表现，其上密生红色粉状物，病粒易破碎。有些病菌（如黄曲霉、镰刀菌）在生长过程中会产生毒素，由它所引起的穗粒腐病籽粒

图 3-25 玉米穗粒腐病

在制成产品或直接供人食用时，会造成头晕目眩、恶心、呕吐。染病籽粒作为饲料时，常引起猪的呕吐，严重的会造成家畜家禽死亡。

（2）防治方法。一是选育和利用抗病品种。二是适期播种，合理密植，轮作换茬。适当早播，促进早熟；控制种植密度，紧凑型品种适宜密度为 5 000～5 500 株/亩，中间型品种 4 500 株/亩左右；连年发病的重病田应实行轮作制度。三是加强田间管理。玉米拔节期或孕穗期增施钾肥或氮磷钾肥配合；注意虫害防治；玉米成熟后及时采收，充分晒干后入仓贮存。玉米收获后做到深耕细耙土地，或晒垡后碎垡；清除田间玉米病秆集中烧毁。四是生物防治。据报道，链霉菌、木霉和酵母菌胞壁多糖对防治玉米穗粒腐病有一定效果。五是种子处理。播种前用有效成分占种子重量的 0.2% 的 50% 二氯醌进行拌种，2% 福尔马林稀释成 200 倍液浸种 1 小时，50% 甲基托布津拌种。五是生长期用药。大喇叭口期每亩用 40% 多菌灵 200 克或井冈霉素 1 000 万单位拌细土 25 千克药土点于喇叭口中。吐丝末期用 40% 多菌灵 200 克或井冈霉素1 000万单位对水60千克喷果穗。

**（四）玉米规模生产花粒期虫害识别与防治**

玉米花粒期虫害主要有：玉米螟、玉米蚜、棉铃虫、红蜘蛛、桃蛀螟、金龟子、灯蛾、双斑萤叶甲等。

1. 玉米蚜

玉米蚜俗名麦蚰、腻虫、蚁虫，分布在东北、华北、华东、华南、中南和西南等地（图3-26）。

**图3-26 玉米蚜**

（1）为害症状。以成、若蚜刺吸植株汁液。幼苗期蚜虫群集于心叶为害，植株生长停滞，发育不良，严重受害时，甚至死苗。玉米抽穗后，移向新生的心叶中繁殖，在展开的叶面可见到一层密布的灰白色脱皮壳，这是玉米蚜为害的主要特征。穗期除刺吸汁液外，蚜虫则密布于叶背、叶鞘和穗部的穗苞或花丝上取食，还因蚜虫排泄的"蜜露"，黏附叶片，引起煤污病，常在叶面形成一层黑色的霉状物，影响光合作用，千粒重下降，引起减产。同时蚜虫大量吸取汁液，使玉米植株水分、养分供应失调，影响正常灌浆，导致秕粒增多，粒重下降，甚至造成无棒"空株"。

（2）防治方法。①及时清除田间地头杂草。采用麦垄套种玉米栽培法比麦后播种的玉米提早 10 ~ 15 天，能避开蚜虫繁殖的盛期，可减轻为害。②药剂拌种，玉米播种前，可用 70% 吡虫啉拌种剂 420 ~ 490 克/100 千克种子、5.4% 戊唑·吡虫啉悬浮衣剂 108 ~ 180 克/100 千克种子拌种，减少蚜虫的为害。③在玉米拔节期，发现中心蚜株喷药防治，可有效地控制蚜虫的为害。每亩可喷施下列药剂：30% 乙酰甲胺磷乳油 150 ~ 200 毫升；48% 毒死蜱乳油 15 ~ 25 毫升；45% 马拉硫磷乳油 55 ~ 110 毫升；80% 敌敌畏乳油 50 ~ 60 毫升；40% 氧乐果乳油 50 ~ 75 毫升；40% 甲基辛硫磷乳油 50 ~ 100 毫升；40% 水胺硫磷乳油 75 ~ 150 毫升；40% 三唑磷乳油 20 ~ 40 毫升；50% 丙溴磷乳油 25 ~ 35 毫升；20% 哒嗪硫磷乳油 200 ~ 250 毫升；50% 二嗪磷乳油 80 ~ 120 毫升；35% 伏杀硫磷乳油 100 ~ 130 毫升；40% 乐果乳油 80 ~ 100 毫升；40% 杀扑磷乳油 30 ~ 60 毫升/亩；30% 氯氨磷乳油 160 ~ 200 毫升；40% 嘧啶氧磷乳油 50 ~ 80 毫升；50% 抗蚜威可湿性粉剂 20 ~ 40 克；25% 唑蚜威可湿性粉剂 60 ~ 80 克；20% 丁硫克百威乳油 60 ~ 80 毫升；50% 混灭威乳油 40 ~ 50 毫升；25% 甲萘威可湿性粉剂 100 ~ 260 克/亩；20% 丙硫克百威乳油 20 ~ 30 毫升；10% 吡虫啉可湿性粉剂 10 ~ 20 克/亩，对水 40 ~ 50 千克，均匀喷雾。当有蚜株率达 30% ~ 40%，出现"起油株"时应进行全田普治，每亩可以用下列药剂：2.5% 高效氯氟氰菊酯乳油 12 ~ 20 毫升；10% 氯氰菊酯乳油 30 ~ 60 毫升；4.5% 高效氯氰菊酯乳油 40 ~ 60 毫升；2.5% 溴氰菊酯乳油 10 ~ 15 毫升；20% 氰戊菊酯乳油 10 ~ 20 毫升；5.7% 氟氯氰菊酯乳油 20 ~ 30 毫升；5% 顺式氰戊菊酯乳油 12 ~ 15 毫升；10% 氯噻啉可湿性粉剂 10 ~ 20 克/亩；25% 噻虫嗪水分散粒剂 8 ~ 10 克；25% 吡蚜酮可湿性粉剂 16 ~ 20 克；

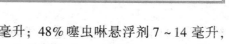

10%烯啶虫胺水剂 10 ~ 20 毫升；48%噻虫啉悬浮剂 7 ~ 14 毫升，对水 40 ~ 50 千克均匀喷雾，为害严重时，可间隔 7 ~ 10 天再喷 1 次。④利用天敌。玉米蚜虫的天敌主要有蚜茧蜂。

2. 桃蛀螟

又名桃斑螟，俗称桃蛀心虫、桃蛀野螟，鳞翅目，草螟科。寄主作物有高粱、玉米、桃、向日葵等。在各种植区均有发生，主要蛀食雌穗，也可蛀茎，受害株率达 30% ~ 80%。在我国，主要在黄淮海的夏玉米和西南丘陵玉米区的秋玉米上危害重(图 3 – 27)。

**图 3 – 27 桃蛀螟为害症状**

（1）为害症状。桃蛀螟为杂食性害虫，主要寄主为果树和向日葵等，寄主植物多，发生世代复杂。为害玉米时，把卵产在雄穗、雌穗、叶鞘合缝处或叶耳正反面，百株卵量高达 1 729 粒。主要蛀食雌穗，取食玉米粒，并能引起严重穗腐，且可蛀茎，造成植株倒折。初孵幼虫从雌穗上部钻入后，蛀食或啃食籽粒和穗轴，造成直接经济损失。钻蛀穗柄常导致果穗瘦小，籽粒不饱满。蛀孔口堆积颗粒状粪渣，一个果穗上常有多头桃蛀螟为害，也有与玉米螟混合为害，严重时整个果穗被蛀食没有产量。

（2）防治方法。①物理防治。一是清除越冬幼虫：在每年 4 月中旬，越冬幼虫化蛹前，清除玉米、向日葵等寄主植物的残体。二是诱杀成虫：在田内点黑光灯或用糖、醋液诱杀成虫，可结合诱杀梨小食心虫进行。②化学防治：玉米抽穗始期要进行卵与幼虫数量调查，当有虫（卵）株率20%以上或100穗有虫20头以上时即需防治。施用药剂，50%磷胺乳油1 000~2 000倍洒，或用40%乐果乳油1 200~1 500倍液，或用2.5%溴氰菊酯乳油3 000倍液喷雾，在产卵盛期喷洒50%磷胺水可溶剂1 000~2 000倍液，每亩使药液75千克。在产卵盛期喷洒Bt乳剂500倍液，或50%辛硫磷1 000倍，或2.5%高效氯氟氰菊酯，或阿维菌素6 000倍，或25%灭幼脲1 500~2 500倍。或在玉米果穗顶部或花丝上滴50%辛硫磷乳油等药剂300倍液1~2滴，对蛀穗害虫防治效果好。③生物防治。喷洒苏云金杆菌75~150倍液或青虫菌液100~200倍液。

3. 高粱条螟

昆虫名，为鳞翅目，螟蛾科。分布于中国大多数省份，常与玉米螟混合发生。主要为害高粱和玉米，还为害粟、甘蔗、薏米和麻等作物（图3-28）。

图3-28　高粱条螟

（1）为害症状。以幼虫钻蛀作物的茎秆为害，被蛀茎秆内可见幼虫数头或十余头群集，被害株遭风易倒折成秕穗而影响产量和品质。受害植株苗小时形成枯心苗，心叶受害展开时有不规则的半透明斑点或虫孔，附近有细粒虫粪。

（2）防治方法。①农业防治。在越冬幼虫化蛹与羽化之前，将高粱或玉米秸秆处理完毕，以减少越冬虫源。秸秆处理可采用粉碎、烧毁、沤肥、铡碎、泥封等不同方法。条螟成虫有趋光性，可设置黑光灯诱杀从残存秸秆中羽化出来的成虫。②药剂防治。玉米田防治，应在卵盛期进行，江南地区防治第一代一般在6月中下旬，防治第二代在8月上中旬。条螟与玉米螟不同，幼虫龄期稍大就蛀茎危害，因此，需按虫情确定防治时期，不能等到心叶末期再行防治。条螟与玉米螟混合发生时，一般比玉米螟晚7~15天，有时两者发生盛期接近，一次用药可以兼治。若两者发生盛期相差10天以上，应防治2次。心叶期防治，可施用颗粒剂，撒人喇叭口内。穗期防治，将颗粒剂撒在植株上部几片叶子的叶腋间和穗基部。常用药剂有1.5%辛硫磷颗粒剂，1%西维因颗粒剂，2.5%螟蛉畏颗粒剂等。在二代孵卵盛期前7天，可喷施80%敌百虫可溶性粉剂或50%敌敌畏乳油、50%杀螟硫磷乳油、50%杀螟丹可溶性粉剂的1 000倍液或菊酯类药剂等。高粱对敌百虫、敌敌畏、辛硫磷、杀螟硫磷、杀螟丹等杀虫剂十分敏感，生产上不宜使用，以免产生药害。③生物防治。在卵盛期释放赤眼蜂，每亩21次1万头左右，隔7~10天放1次，连续放2~3次。此外，也可喷施Bt乳剂以及用性诱剂诱蛾。

4. 金龟子

金龟子属无脊椎动物，昆虫纲，鞘翅目是一种杂食性害虫。主要有小青花金龟子和白星花金龟子。

（1）为害症状。以成虫群集在玉米雌穗上，从穗轴顶花丝处开始，逐渐钻进苞叶内，取食正在灌浆的籽粒，尤其是苞叶短小的品种，甜嫩多汁的籽粒暴露于外，危害更重。并且白星花金龟子还排出白色粥状粪便，严重影响鲜食特色玉米的质量和品质。

（2）防治方法。①农业防治。选用苞叶长且包裹紧密的品种，如中糯1号，合作2号，紫香糯等品种。②人工捉虫。用塑料袋套住被害的玉米穗，人工捕杀，可消灭正在穗上取食的成虫。③诱杀成虫。在5月25日左右，把细口的空酒瓶挂在玉米、玉米田附近的树上，挂瓶高度为1~1.5米，瓶内放入2~3个白星花金龟子，田间的成虫可被诱到瓶内，然后进行捕杀，每亩挂瓶40~50个，捕虫效果不错。④用糖醋液杀虫。利用白星花金龟子对酒精醋味有趋性的特性，配制糖醋液进行诱杀。用糖、醋、酒、水和90%敌百虫晶体按3：3：1：10：0.1的比例在盆内拌匀，放在玉米田边，架起与雌穗位置相同高度，可诱杀成虫。⑤药剂防治。在玉米灌浆初期，可用50%辛硫磷乳油100倍液，在玉米穗顶部滴药液，可防治白星花金龟子成虫的危害，还可兼治玉米螟等其他蛀穗害虫。

5. 灯蛾

为害玉米的灯蛾主要有：一是星白雪灯蛾，幼虫有7龄，体长40~50毫米，浅至深褐色，有暗褐色纵带，体背密生黄褐色长毛。二是红缘灯蛾，又名红袖灯蛾、赤边灯蛾：低龄幼虫体鲜黄色，体毛稀少，毛瘤红色，3龄后毛瘤变为黑色。5龄幼虫体棕褐色，毛瘤上丛生棕褐色长毛。气门和腹足红色。三是人纹污灯蛾，老熟幼虫体长50毫米左右，头部黑色，全体密被棕黄色长毛，并间有长的黑白色刚毛。在七、八、九腹节的毛瘤和长毛为黑色（图3-29）。

（1）为害症状。各种灯蛾幼虫取食玉米叶片而造成为官。玉米叶片被取食后，呈现严重的缺刻状。

（2）防治方法。在7月下旬开始调查100株上的卵数和幼虫数量，当发现500株玉米有2块卵，或被咬粒的果穗达15%以上时，立即进行防治。①在幼虫扩散为害前，每亩用50%辛硫磷乳油100毫升，拌土15千克，于傍晚撒施，也可用50%辛硫磷乳油1 000倍液在傍晚喷雾，或用48%乐斯本乳油1 000倍液喷雾防治。②防治为害果穗上灯蛾时，可用每克含100亿的青虫菌原

图 3 – 29 红缘灯蛾

粉，向雌穗上抖撒或对水喷洒，同时可兼治穗上的棉铃虫、玉米螟、黏虫等。③幼虫扩散后，虫体较大可人工捕捉，连续捕捉2～3次，也很有效。④红缘灯蛾发生严重地区，于4—5月间发动群众到公路两侧、渠沟等处种有柳树、紫穗槐的树下或附近沟坡处挖蛹可减低越冬基数。

## （五）玉米果穗异常原因及应对措施

玉米花粒期常出现如雌雄花期不遇、空秆、秃尖、籽粒不饱满、缺籽、果穗畸形、多穗、香蕉穗、二级果穗、顶生雌穗、雄穗结实、籽粒发霉、穗发芽等果穗异常现象。其发生原因及应对措施如表3－1所示。

表 3 –1 玉米花粒期生长异常与处理措施

| 类型 | 症状与为害 | 原因 | 处理措施 |
| --- | --- | --- | --- |
| 雌雄花期不遇 | 玉米雌穗抽丝期与雄穗散粉期不一致，从而影响授粉和结实，造成空秆和结实率下降 | 一是品种遗传特性。二是对干旱、高温、阴雨寡照等不良环境反应敏感，导致玉米雌穗雄穗花期间隔延长 | 一是选用雌雄发育协调，对环境反应不敏感的品种。二是注意肥水供应，防止干旱、涝淹及脱肥。三是若雄穗早出，可将果穗苞叶剪掉1厘米左右；若吐丝偏早，可剪短花丝，使花期相遇。四是人工辅助授粉，提高结实率 |

（续表）

| 类型 | 症状与为害 | 原因 | 处理措施 |
|------|-----------|------|---------|
| 空秆 | 无穗或有穗无粒（果穗结实在 20 粒以下） | 品种不适合当地生态条件；密度偏大、施肥量不足；抽雄穗授粉期前后高温干旱；抽雄散粉时期连绵阴雨；营养失调；种子纯度低、田间管理、病虫草为害等造成田间整齐度差或缺苗后补种、补栽造成的弱小苗 | 一是选用良种和高纯度种子，合理密植；二是提高播种质量，选留壮苗匀苗，提高群体生长整齐度；三是保障大喇叭口期至籽粒建成期水肥供给；四是及时防治病虫草害 |
| 秃尖 | 果穗顶部不结实，穗粒数减少 | 授粉、籽粒形成及灌浆阶段遇干旱、高温或低温、连续阴雨、缺氮、叶部病害等；库大源小品种、或对光、温、水反应敏感的品种；土地瘠薄，水分供应不足，后期脱肥；种植过密情况下更容易发生 | 一是选用抗/耐病虫、适应性强、结实性好的品种，合理密植；二是遇不良条件，人工辅助授粉；三是科学肥水管理，保证大喇叭口期水肥供给；四是及时防治病虫草害，防止杀虫剂和除草剂药害 |
| 籽粒不饱满 | 粒瘪、皱缩、穗轻 | 玉米早衰或干旱、叶部病害、严重缺钾、乳熟－蜡熟期遭受冰雹、霜冻为害等，造成营养不良、灌浆不好 | 同秃尖处理措施 |
| 缺籽 | 果穗一侧自基部到顶部整行没有籽粒，穗形多向缺粒一侧弯曲；或果穗很少籽粒，在果穗上呈散乱分布 | 品种遗传因素；孕穗期、授粉、籽粒形成期及灌浆期遇高温、低温、干旱、阴雨、寡照及缺氮、缺磷、除草剂为害；虫食；种植密度偏大；叶部病害和蚜虫为害及叶片脱落等造成花期不遇、授粉不良或籽粒败育 | 同秃尖处理措施 |
| 果穗畸形 | 果穗呈脚掌状、哑铃状等 | 哑铃状果穗可能与果穗中部的花丝因某些不明原因造成不能受精有关。脚掌状等其他果穗发生畸形的原因不详 | 为偶发现象，不需预防 |

（续表）

| 类型 | 症状与为害 | 原因 | 处理措施 |
|---|---|---|---|
| 多穗 | 一株结两个以上雌穗 | 第一果穗发育受阻或授粉、受精不良；品种特性；种植密度过大、过小；苗期生长受阻，抽雄开花期肥水过多、生长过旺等 | 一是选择适宜的优良品种；二是加强肥水管理，保证雌、雄穗均衡发育；三是适时播种，合理密植；四是加强田间管理，发现多穗及时掰掉，避免消耗养分 |
| 香蕉穗、二级果穗 | 由主果穗苞叶叶芽发育形成如香蕉的多个无效穗、或二级果穗，一般不形成籽粒 | 主果穗发育受阻或授粉、受精不良。与品种基因型及环境条件诱发有关 | 同多穗处理措施 |
| 顶生雌穗 | 多为分蘖顶端雄穗形成的果穗。多由未除去的分蘖发育而成 | 当植株生长点受到冰雹、涝害、除草剂及机械等损伤后，发生分蘖，易产生顶生雌穗。一些品种在早期土壤紧实或水分饱和情况下易发生分蘖 | 为偶发现象，不需预防 |
| 雄穗结实 | 顶端雄穗上结实形成籽粒 | 返祖现行 | 为偶发现象，不需预防 |
| 籽粒发霉 | 果穗上出现发霉籽粒。不同穗腐病菌造成的霉变籽粒颜色不同，有粉白色、砖红色、墨绿色、黄色、黑色、灰色 | 穗腐病的发生与气候条件密切相关。灌浆成熟阶段如遇连续阴雨天气易发生。果穗被害虫咬食，穗腐病会更严重 | 防治穗腐病及玉米螟 |
| 穗发芽 | 灌浆成熟阶段遇阴雨或在潮湿条件下，种子在母体果穗或花序上发芽的现象，玉米制种田常见 | 休眠期短的品种；收获后晾晒不及时 | 一是选用休眠期长的品种；二是适时收获、及时晾晒，也可进行人工干燥；三是药剂防治。PP333具有抑制内源克A合成，防止穗发芽作用 |

113

### （六）玉米规模生产花粒期减灾栽培

玉米花粒期常遇到秋旱、涝渍、风灾倒伏、高温热害、阴雨寡照、霜冻等灾害。

#### 1. 秋旱

又称"秋吊"，是指玉米籽粒灌浆期发生的干旱，8 月中旬至 9 月上旬，降雨量小于 60 毫米或其中连续两旬降雨量小于 20 毫米可作为秋旱指标。此时若发生秋旱，植株黄叶数增加，穗粒数和穗粒重减少，其中穗粒重下降是造成减产的主要原因。

（1）灌好抽雄穗灌浆水。饱灌抽雄穗灌浆水，以满足花粒期玉米对水分的需求，提高结实率，促进养分运转，使穗大粒饱产量高。

（2）根外喷肥。叶面喷施含腐殖酸类的抗旱剂，或者用磷酸二氢钾水溶液进行叶面喷施，给叶片提供必需的水分和养分，提高籽粒饱满度。

（3）防治害虫。注意防治红蜘蛛、叶蝉、蚜虫等干旱条件下易发生的虫害。

#### 2. 涝渍

玉米成熟期根系衰老，抗涝能力减弱。此时发生涝渍，易抑制根系生长和吸收，叶色褪绿，光合能力下降，穗粒数、千粒重下降，茎腐病、纹枯病、小斑病等发病加重。

此期发生涝渍，除采取苗期、穗期的预防对策外，还应采取以下措施：一是排水降渍，中耕松土，及时根外追肥。二是抽雄穗授粉阶段若遇长期阴雨天气，可人工辅助授粉。三是加强病虫害防治，消灭田间杂草。四是及时扶正倒伏植株，壅根培土。

#### 3. 风灾倒伏

花粒期风灾倒伏后，果穗霉变率增加，加上病虫鼠害，产量大幅度下降。如果发生茎折则很快干枯死亡。

此期玉米发生风灾倒伏，一是要及时培土扶正植株，可多株捆扎，使植株相互支撑，以免倒压、堆沤，减少产量损失。二是加强管理，促进生长；防治病虫鼠害，及时收获。三是对于乳熟中期以前茎折严重的地块，可将植株割除作青饲料；乳熟后期倒伏，可将果穗作为鲜食玉米销售，秸秆作为青饲料；蜡熟期倒伏，注意防治病虫鼠害，待机收获；进入成熟期倒伏玉米应及时收获。

4. 霜冻

0℃以下低温引起玉米受害称为霜冻。一般把每年入秋后第一次出现的霜冻称为初霜冻，有"秋季杀手"称号。霜冻发生的强度和持续时间与地形、土壤、植被、农业技术措施及作物本身等条件密切相关。洼地、谷地、小盆地和林中空地霜冻多于邻近开阔地。

（1）霜冻的防御。主要有"避、抗、防"3种措施。①"避"。根据当地低温霜冻发生的规律，选择生育期适宜品种，使玉米成熟于初霜之前。②"抗"。选择抗寒力较强的品种，采用能提高玉米抗寒能力的栽培技术。③"防"。主要有以下方法：一是灌水。在预计有初霜冻出现前2天傍晚灌水，增加土壤水分，提高地温。二是熏烟。在霜冻来临前2小时在上风口大量点燃能产生大量烟雾的物质。三是施肥。霜冻来临前3~4天，在玉米田间施有机肥和草木灰，并增施磷肥、钾肥。

（2）霜冻的补救。霜冻发生后，应及时调查受害情况，制定对策。仔细观察主茎生长锥是否冻死，若只是上部叶片受到损伤，心叶基本未受影响，可以通过加强田间管理，及时进行中耕松土、提高地温，追施速效肥，加速玉米生长。对于冻害特别严重，致使玉米全部死亡的地块，要及时改种早熟玉米或其他作物。

5. 高温热害

高温造成玉米花粉活力下降，吐丝困难，雌雄不协调，授粉结实不良，秃尖增长；籽粒灌浆速率加快，但灌浆持续期缩短，千粒重下降，最终产量降低；生育后期高温加速玉米植株死亡。

具体防御措施可参见玉米穗期高温防御措施。

6. 阴雨寡照

阴雨寡照降低玉米光合速率，影响物质合成运转，延迟抽雄和吐丝日期；不利于雄穗散粉、雌穗授粉和籽粒灌浆；引起茎秆细弱易倒折，造成植株倒伏；引发低温和病虫等次生为害，如小斑病、茎腐病、锈病、粒腐病等。

（1）选用良种，合理密植。根据当地情况选择抗病性强、适应性广、稳产高产的优良品种，确定适宜的种植密度。一般秆矮、叶片上冲、雄穗较小、叶片功能期长的品种具有较好的耐阴性。

（2）科学管理，构建合理群体。根据当地气候特点安排玉米播种期，使关键生育期避开阴雨天气高发期。抓好播种质量，培育壮苗，建立整齐、均匀一致的群体结构；大小行种植；合理施肥，及时田间管理，防止早衰。

（3）及时中耕，合理施肥。寡照常伴随低温或高温、阴雨，容易造成土壤板结、养分流失，需要采取措施及时中耕和施肥。

（4）喷施玉米生长调节剂。寡照玉米茎秆脆弱，易发生倒伏。因此，可在玉米6~12片叶期叶面喷施抗倒、防衰的植物生长调节剂。

（5）人工辅助授粉。玉米花期遭遇阴雨寡照，可采取拉绳等办法及时进行人工授粉，减少秃尖和缺粒。

（6）综合防治病害。在低温、寡照、多湿条件下，玉米大斑病、小斑病、锈病、穗粒腐病危害较严重，要及早调查与防治。

（7）适时收获。及时收获晾晒，避免后期多雨造成籽粒霉变或被老鼠吃食等损失。

# 四、玉米规模生产防早衰与促早熟管理技术

## （一）玉米规模生产防早衰管理技术

玉米后期管理的中心任务是为授粉结实创造良好的环境条件，提高光合效率，增强根叶的生理活性，防早衰，争取活棵成熟，提高粒重。

1. 选用适宜品种

使用抗早衰品种，确定适宜种植密度，改善群体光照、水分及营养条件。

2. 合理施肥

玉米从抽雄到成熟还要从土壤中吸收氮、磷总量的40%左右的养分，因此，必须施入定量的粒肥，才能保证玉米灌浆对养分的需求，提高粒重，实现玉米高产。粒肥的施用时期在抽雄穗至散粉期，可亩施尿素5~7.5千克。此时追肥比较困难，可浅施，但也需覆土盖严。玉米后期进行叶面喷肥，可明显提高粒重，可亩用尿素0.2~0.25千克、磷酸二氢钾0.1~0.15千克，对水50~75千克，均匀喷洒在玉米植株的上部叶片上，应选晴天喷施，喷后4小时遇雨就重喷。对个别收获无望的极弱株要及时拔除。

3. 防治病虫害

玉米穗期易发生大小叶斑病、锈病、青枯病、黑粉病和黑穗病，可选用多效霉素、粉锈宁、多菌灵、代森锰锌等药剂喷雾防治，隔7天喷1次，视病情一般连喷2~3次。对于玉米粗缩病和矮花叶病，要及时拔除重病株，并带出田外销毁。防治三代黏虫，当百株有虫120头时，可选用50%辛硫磷乳油1500倍液喷雾防治。

**4. 灌溉排水**

及时进行灌溉排水，使根系处于良好的生长环境。

**5. 人工授粉和去雄**

玉米采用人工辅助授粉。在玉米抽雄穗至吐丝期间，如遇高温、干旱或阴雨寡照等特殊天气会导致玉米雌雄发育不协调、花粉生活力下降、雄花不能正常散粉，若不进行人工授粉，极易出现秃尖、缺粒，甚至空秆等现象。具体方法是：在两个竖竿顶端横向绑定一根木棍或粗绳，在有效散粉期内，两人手持竖竿横跨几行玉米行走，用横竿或粗绳来击打雄穗，帮助花粉散落，宜在晴天的9：00以后和下午4：00以前操作。

而玉米去雄穗可起到防治病虫，提高透光率，促进玉米早熟、提高产量的作用。具体方法是：在玉米抽雄穗后将部分还未散粉的雄穗去除，一般隔1~2行去除1~2行，去雄量不要超过2/3，且地块四周不去雄穗，以保证正常授粉。另外，还可等雄穗散粉结束后，将全田雄穗全部去除，以增加玉米光照量。值得注意的是，此期若遇连续阴雨或高温干燥不去雄。

### （二）玉米规模生产促早熟管理技术

玉米生育期内，出现了低温、寡照等不利自然气候条件，给玉米生产带来了较大影响。主要表现在：一是生育期普遍拖后，较历年晚7~10天；二是由于阴雨连绵，一些地区玉米授粉受到了一定影响，秃尖、少粒将可能发生并影响玉米的产量及质量；同时由于降雨增多，根系生长不良，低洼地快受到内涝；三是由于寡照，光照时间明显减少等影响，玉米生长、发育不良，玉米穗位明显上移，抗倒伏能力减弱，后期如遇大风，可能发生倒伏，将进一步影响玉米的产量及质量；四是草荒严重。

针对不利的气候条件，在管理上，应以促进玉米生育、安全成熟及为玉米创造良好的生长发育环境为重点；在技术措施上，应以应用常规促早熟技术为重点，有条件的地方可应用被作物吸收利用速度快、加速玉米生育的叶面制剂（根外追肥）；在应用时间上，突出以早为主，立即采取有效的技术措施，确保玉米有一个良好的收成。

1. 排出积水，减轻内涝

玉米耐涝性较差，出现涝害，根系生长及根系活力下降，根系衰老速度加快，尤其是近期的涝害，对玉米的灌浆速度及产量构成因素（百粒重、穗长等）影响较大。各地应积极行动，采取有效措施，立即排除积水，促进玉米生育。

2. 疏穗

生育中期的阴雨连绵、寡照，光照时间明显减少、内涝等灾害是非常严重，也是多年罕见的，对玉米生长影响也是巨大的，玉米生育状况明显不如历年。因此，双穗及多穗成熟的可能性非常小。为了确保玉米产量及质量，应立即疏掉玉米是无效穗。在所有的叶片中，棒位叶片对玉米的产量影响最大，所以疏穗时一定要轻轻掰除后生长出的小穗，避免伤害棒位叶片，力保每株有一穗玉米正常生长成熟，获得最大的收益。

3. 打底叶、割除空秆及病株枯萎的底叶

空秆及病株既影响通风、透光，同时空秆及病株又消耗大量，尤其是今年的不利气候条件下，通风、透光是影响玉米脱水、成熟的重要因素。因此，一定要及时打掉枯萎的底叶、割除空秆及病株。春播后气温较低，有利于玉米丝黑穗病的发生，目前割除病株对减轻明年病害的发生意义重大。割除病株一定要深埋或焚烧；不要直接喂养牲畜；作肥料一定要腐熟。

4. 喷施叶面肥

为了促进玉米生育，条件的方可进行根外追肥。根外追肥应喷施具有促早熟、促进生长明显的叶面肥，如磷酸二氢钾对水叶面喷施等。此外，植物生长调节剂、植物液肥等，还具有促进早熟、增加百粒重、穗长、提高品质、增产、增收显著等优点。生产中应积极推广应用，如有机活性液肥等。

5. 放秋垄，拿大草

目前是放秋垄，拿大草，消灭后期田间杂草的大好时机。若雨水较大，田间杂草较多，放秋垄，拿大草有利于改善田间通风透光条件，增强根系活力，加速灌浆，促进早熟并减轻明年杂草危害。

6. 站秆扒皮晾晒

该技术措施对促进玉米早熟、降低籽实含水量作用明显，增产、提质作用显著。在玉米腊熟末期进行站秆扒皮晾晒。

7. 适时晚收

玉米后熟性较强，收获后植株还有一些营养可进入果实之中，因此，在收获时间上一定要适时晚收。收获前要注意天气预报，在下"酷霜"前1~2天把玉米割倒，集中放成"铺子"进行后熟，提高玉米产量及质量。同时，对难以成熟的玉米地块，应做好青贮的准备工作。

# 模块四 玉米规模生产收获贮藏与秸秆还田技术

## 一、玉米规模生产熟期识别与适时收获

玉米与其他作物不同,籽粒着生在果穗上,成熟后不易脱落,可以在植株上完成整个成熟过程。因此,完熟期是玉米的最佳收获期。

### (一) 玉米成熟的标志

玉米籽粒生理成熟的标志主要有两个:一是籽粒基部剥离层组织变黑;二是籽粒乳线消失。

玉米成熟时不同品种黑色层形成时间之间差别很大。有的品种成熟以后再过一定时间才能看到明显的黑色层。玉米籽粒黑色层形成受水分影响极大,不管是否正常成熟,籽粒水分降低至约32%时都能形成黑色层,所以黑色层并不完全是玉米正常成熟的可靠标志。

玉米授粉后 30 天左右,籽粒顶部的胚乳组织开始硬化,与下部多汁胚乳部分形成一横向界面层即胚乳线。玉米籽粒乳线的形成、下移、消失是一个连续的过程。生育期在 100 天左右的品种,授粉 26 天前后,籽粒顶部淀粉沉积、失水成为固体,中下部为乳液,两者之间形成较为明显的乳线。随着淀粉沉积量的增加,乳线逐渐向下推移。当籽粒含水量下降至 40% 左右时,粒重达最大值的 90% 左右,乳线上方坚硬,下方较硬有弹性,为玉米蜡熟期。从外观看,多数品种果穗苞叶由绿色变为黄色,但仍包得很紧。授粉后 50 天左右,果穗下部籽粒乳线消失,籽粒含水

量 30% 左右，果穗苞叶变白并且包裹程度松散，此时玉米粒重最大，玉米产量最高，是玉米最佳收获时期。

### （二）玉米适期收获技术

**1. 改变苞叶变黄就开始收获的习惯**

判断玉米是否正常成熟仁能仅看外表，而是要着重考察籽粒灌浆是否停止，生产上往往以合理成熟作为收获标准。严格把握玉米完全成熟的标志：籽粒变硬，籽粒灌浆线（乳线）下移到籽粒的基部并完全消失；籽粒基部黑色层形成；籽粒呈现固有的颜色和特征；果穗苞叶变干、蓬松白色。

**2. 推迟 10 天收获**

在黄淮海夏玉米地区，改变习惯上的玉米授粉后 40~45 天收获为授粉后 55 天左右收获。充分利用玉米生介后期秋高气爽、利于干物质积累的气候资源，尽量延长玉米灌浆，让玉米粒重潜力充分发挥。

**3. 准确掌握玉米完熟日期，推行机械收获**

黄淮海及其以南地区的春玉米一般在 8 月下旬至 9 月上旬收获，东北春玉米一般在 9 月底至 10 月上旬收获。夏玉米因播种期不同，务地玉米进入完全成熟期的时间也各不相同，大致在 9 月下旬收获。以籽粒为收获目标的玉米收获适期，应按成熟标志确定。春玉米有充分灌浆成熟的时间，应在完熟期收获。夏玉米适宜收获期：与小麦播种适期发生矛盾，有的被迫提早收获，影响了玉米产量和品质。因此，小麦要适当推迟播种时间，尽量使夏玉米完全成热，充分发挥出玉米的高产潜力。如果为下一茬作物腾地必须提早收获时，可连秆收获，放在地边 1~2 周后再瓣果穗，可促使玉米桔秆中的养分向籽粒中运转，能够明显提高产量和品质。

4. 青贮饲料玉米收获

为兼顾产量和品质，宜在乳熟末期至蜡熟期收获，这时茎叶青绿，籽粒充实适度，植株含水量在70%左右，下仅青贮产量高，而且营养价值高。既要收获籽粒，又要青贮秸秆的兼用玉米，为兼顾籽粒产量和获得较多的优质青贮饲料，宜在蜡熟末期收获。

5. 甜玉米、糯玉米等特殊用途收获

开花授粉后20天是甜玉米甜度最高的时期。当花丝变黑、苞叶尚青时，抽样剥开苞叶顶部，看看籽粒灌浆的饱满度，尝尝籽粒甜度，如果甜度高、软硬适中，便可采收。

6. 高赖氨酸玉米收获

一般在苞叶变黄时就已成熟，不像普通玉米必须苞叶枯松发白才达完全成熟。高赖氨酸玉米一旦成熟就应选晴天抓紧收获，并要及时晾晒。

# 二、玉米规模生产生产机械收获技术

玉米机械化收获技术是在玉米成熟时根据其种植方式、农艺要求，用机械装置来完成摘穗、输送、集箱、秸秆处理等生产环节的作业技术；或者说，玉米机械化收获是指利用机械装备对果穗收获、秸秆田间处理的一种机械化收获技术。主要有玉米分段收获机械化技术、玉米联合收获机械化技术、玉米秸秆青贮机械化技术、玉米秸秆还田机械化技术和玉米收获后耕整地机械化技术。

## （一）玉米规模生产分段收获机械化技术

玉米分段收获机械化技术是在低温多雨或需要抢农时种下茬作物的地区，在茎秆和籽粒含水率较高、苞叶青湿并紧包果穗的情况下，所采用的先摘穗、剥皮晾晒，直至水分下降到一定程度时再脱粒、秸秆切段青贮或粉碎还田的分段收获技术。可避免因籽粒过湿脱粒而导致籽粒大量破碎或损伤的问题。

1. 主要技术模式

（1）人工摘穗＋秸秆处理模式。工艺流程为：人工摘穗→人工或机械剥皮→脱粒→秸秆处理等4个分段环节。

（2）机械摘穗＋秸秆处理模式。工艺流程为：机械摘穗→剥皮→脱粒→秸秆处理等4个分段环节。

2. 技术要点

玉米分段收获应按以下要求进行，具体如下。

（1）收获前对玉米倒伏程度、果穗成熟情况进行调查，并提前制定收获计划。

（2）采用机械摘穗作业前先进行试作业，达到农艺要求后，方可投入正式作业。目前，分段收获机均为对行收获，作业时要对准玉米收获行，以便减少落穗损失，提高作业效率。

（3）作业前，适当调整摘辊间隙，以减少啃果落粒损失；作业中，注意果穗采摘、输送、剥皮等环节的连续性，以免卡住、堵塞或其他故障的发生；随时观察果穗箱的充满程度，以免果穗满箱后溢出或造成果穗输送装置的堵塞和故障。

（4）正确调整秸秆还田机的作业高度，以保证留茬高度小于10厘米。

（5）如安装灭茬机时，应确保灭茬刀具的入土深度，保证灭茬深浅一致，以保证作业质量。

**（二）玉米规模生产联合收获机械化技术**

玉米联合收获机械化技术是在玉米成熟时，根据其种植方式、农艺要求，实现切割、摘穗、输送、剥皮、集箱、穗茎兼收或秸秆还田的作业过程。简言之，玉米联合收获机械化是指利用机械装备对果穗收获、秸秆田间处理的一种联合作业方式。

1. 主要技术模式

（1）机械摘穗＋秸秆粉碎还田模式。工艺流程为：机械摘穗→输送集箱→秸秆粉碎还田等3个连续作业环节。

（2）茎穗兼收模式。工艺流程为：机械摘穗→输送集箱→秸秆收集等3个连续作业环节。

2. 技术要点

为保证玉米果穗的收获质量和秸秆处理的效果，减少果穗及籽粒破损率，玉米联合收获应按以下要求进行，具体如下。

（1）收获前对玉米倒伏程度、密度和行距、果穗的下垂度、最低结穗高度等情况，做好田间调查，并提前制定收获计划。

（2）提前3～5天对田块中的沟渠、垄台予以平整，并对水井、电杆拉线等不明显障碍设置标志，以利安全作业。

（3）作业前，适当调整摘辊间隙，以减少啃果落粒损失；作业中，注意果穗升运过程中的流畅性，以免卡住、堵塞或其他故障的发生；随时观察果穗箱的充满程度，以免果穗满箱后溢出或造成果穗输送装置的堵塞和故障。

（4）正确调整秸秆还田机的作业高度，以保证留茬高度小于10厘米。

（5）如安装灭茬机时，应确保灭茬刀具的入土深度，保证灭茬深浅一致，以保证作业质量。

目前生产中应用数量最多的是悬挂式玉米联合收获机。这类机型是与拖拉机配套使用，现在开发生产的有悬挂式1至3行的三种机型，可分别与小四轮及大中型拖拉机配套使用，按照其在拖拉机上的安装位置又可分为正置式和侧置式两种，正置式的悬挂式玉米联合收获机不需要人工割道，与大中型拖拉机配套应用较多。

### （三）玉米规模生产秸秆青贮机械化技术

玉米秸秆青贮机械化技术就是将腊熟期玉米通过青贮机械一次性（或分段完成）完成摘穗、秸秆切碎，然后将切碎的秸秆即刻入窖，直接或者通过氨化、碱化等处理后进行密封，经过 40 ~ 50 天厌氧发酵，将秸秆中能被消化吸收的纤维素和不被吸收的木质素切断，从而提高秸秆的消化利用率，增加秸秆的粗蛋白含量。此项技术的应用有利于提高功效，降低劳动强度，实现适时收获，降低能耗，提高青贮饲料质量等优点。

1. 技术模式

建立青贮窖/池→玉米秸秆适时收获切碎→装池→洒水和掺入青贮添加剂→压实→封盖塑料膜压土密封→发酵（40 ~ 50 天）→喂养牲畜。

2. 技术要点

（1）控温和厌氧。青贮料的温度最好在 25 ~ 35℃，此温度乳酸菌大量繁殖。温度过高出现过量产热，抑制乳酸菌繁殖，而助长了其他细菌增殖，使用全青贮失败，青贮料会变臭，养分也会大量流失。

（2）控制原料水分。原料中水分过高，会影响青贮料的适口性，原料含水量一般在 50% ~ 75% 较为适宜，同时最适宜乳酸菌繁殖。

原料中必须要有适量的糖分，才有利于乳酸菌的繁殖，一般要求 3% 即可。

## 三、玉米规模生产秸秆还田技术

### （一）玉米规模生产秸秆粉碎还田技术

使用的主要机具设备：上海 – 50、铁牛 – 55、东方红 – 75 等大中型拖拉机；12－15 马力小拖；4F 系列、4JQ 系列、4Q 系列、4J 小时系列、9Q－2 型等各种秸秆粉碎还田机；各种旋耕机、深耕犁；IBY－18 片圆盘耙、米 Q－24 片缺口耙；机引镇压器；2B－12 型半精量小麦播种机及各种带圆盘开沟器的小麦播种机；各种铡草机、切脱机、青贮机及相应动力。

机械化玉米秸秆粉碎还田工艺路线：机械化切碎：摘穗→机械直接切碎抛撒秸秆→补氮→重耙或旋耕灭茬→深耕整地—播种。半机械化切碎：摘穗→割倒堆放→人工喂入切碎→补氮堆沤→机械灭茬或人工刨茬→人工铺撒→耕翻整地→播种。

1. 机械化秸秆还田的技术规范

第一步，摘穗。玉米成熟趁秸秆青绿及时摘穗，并连苞叶一起摘下。第二步，切碎。摘穗后趁秸秆青绿及时用拖拉机配带各种秸秆切碎机切碎秸秆（最适宜含水量 30% 以上）。切碎后秸秆长度不大于 10 厘米；茬高不大于 5 厘米，防止漏切。第三步，补氮。秸秆切碎后进行补氮，将玉米秸秆碳氮比由 80：1 补到 25：1。一般将一定量氮肥均匀撒于秸秆粉碎后的田间除应正常施底肥外，亩增施碳酸氢铵 12 千克即可。第四步，灭茬。用生耙或旋耕机作业一遍，在切碎根茬的同时将碎秸秆、化肥与表层土壤充分混合。第五步，深耕翻埋。用东方红－75 拖拉机牵引 1L－5－35 型机引犁，或改后的 11－5－25 悬挂中型 5 铧犁，12－15 马力小拖悬挂 1L－130 型单铧犁深耕，耕深小于 20 厘米，耕后耙透、镇实、耢平（东方红－75 拖拉机牵引时，尽量复式作业，将耕翻、合、镇压、擦耢一次完成）。通过耕翻、压盖，消除因秸秆造成的土壤架空，为播种创造条件。第六步，播种。用 2BX－12 型、2BTXB－7 型等圆盘开沟器小麦播种机播种，播种深度 3~5 厘米，覆土镇压严紧，种子破碎率不大于 0.5%，田间无漏播、地头无重播、断条率不大于 5%。

2. 半机械化玉米秸秆还田的技术规范

第一步，摘穗。摘穗时机同前，可不摘苞叶。第二步，割倒堆放。要求及时将秸秆割倒堆放保持含水量。第三步，切碎。割倒后立即抓紧时间，用铡草机、切脱机或青贮机切碎。切碎长度不大于 5 厘米。第四步，补氮堆沤。将玉米秸秆碳氮比由 80∶1 补到 25∶1；按每亩补碳酸氢铵 12 千克以上（一般将底肥掺于碎秸秆中）拌均后堆沤，堆高不小于 150 厘米，堆底间直径不小于 200 厘米。堆沤时间不小于 24 小时（在补氮同时掺入生物催熟剂，效果更好）。第五步，灭茬。人工用镐刨茬，要求把根茬在地下的三叉股刨掉，并将刨下的根茬清出地外（也可以旋耕或重耙灭茬）。第六步，铺撒。人工铺撒堆沤后的碎秸秆，要求尽量铺撒均匀。第七步，耕翻。用大、小拖耕翻即可，耕深不小于 15 厘米。第八步，整地。机、蓄均可，要求耙均、镇压实、擦耢平。第九步，播种。用圆盘开沟器小麦播种机播种，质量要求同前。

## （二）机械化玉米根茬粉碎还田技术

机械化根茬粉碎还田技术是将作物割去秸秆后剩余根茬，用机械粉碎后混于耕层土壤中的一项机械化技术。玉米根茬还田是改变施肥结构，减少化肥施用量，增加土壤有机质，培肥地力，提高产量的有效方法，也是增加农业后劲的有效途径。

### 1. 玉米根茬还田前的准备

一是地块准备，将割后的秸秆运出地块，测定玉米行距和垄高，并观察地块中有无影响机械作业的障碍物，如有要清除。二是选择适合玉米根茬行距的根茬还田机，要保证拖拉机轮胎走在垄沟上，工作幅要有足够的宽度，确保根茬都能粉碎还田。三是试作调整不合要求的各个部件。四是进行根茬粉碎还田的质量检查，检查根茬粉碎的长短、抛撒在地上的均匀情况、行走速度是否合适等作业质量有关的因素，不适合的应调整到合适为止。

### 2. 玉米根茬还田机的主要技术规格

玉米根茬还田作业期可在秋季也可在春季。根茬还田还必须注意农机、农艺的紧密结合，机具要符合农艺要求，农艺也要为机具作业创造适当的条件。以 1GQN180 天型灭茬机为例，其主要技术规格为：机器重量：4 300 千克；作业速度：1 ~ 4 千米/小时；耕幅：180 厘米；生产率：3 ~ 5 亩/小时；配套动力：38 kW（50 马力）拖拉机；耕深：14 ~ 20 厘米。

3. 玉米根茬还田技术要求

第一，玉米根茬还田要选择在根茬含水率在 30% 时为宜，粉碎后长度在 5 厘米以下，站立漏切的根茬不超过 0.5%，碎土率达到 93.8%。第二，根茬粉碎还田后，要及时追施底肥，除施粪肥外，一定要施撒 20 ~ 50 千克氮肥，这样可防止微生物分解有机质时，与下茬作物争氧分，而且有利于根茬的腐烂。第三，撒肥后要及时进行蛇翻，将粉碎后的根茬尽量埋入地下。这样做一是有利于根茬和土壤保持水分，以利分解；二是可以避免化肥的挥发，以保持肥效。第四，为防止还田地种子架空，影响出苗，要进行全面耙压，以保证墒情，促进下茬种子发芽和根茬的腐烂。

### （三）玉米规模生产秸秆粉碎覆盖还田技术

玉米秸秆粉碎覆盖还田技术是指农作物收获后用机械对其秸秆直接粉碎后覆盖于地表的一项农作物秸秆还田技术。可以与免耕、浅耕以及深松等技术结合，形成保护性耕作，能有效培肥地力，蓄水保墒，防止水土流失，保护生态环境，降低生产成本。

1. 覆盖时间

覆盖时间要结合农田、作物和农时等进行确定。玉米应在 7 ~ 8 片叶展开时覆盖。春播作物覆盖秸秆的时间，春玉米以拔节初期为宜，大豆以分枝期为宜。

2. 技术要求

（1）玉米秸秆粉碎还田覆盖。①尽可能采取玉米联合收获，一次完成玉米收获与秸秆粉碎还田覆盖；也可采取秸秆直接粉碎还田覆盖。②抛撒均匀，不产生堆积和条状堆积现象。③秸秆覆盖率≥30%；秸秆覆盖量应满足小麦免耕播种机正常播种。④秸秆量过大或地表不平时可采用浅旋、圆盘耙等表土处理措施。⑤秸秆切碎长度应≤10厘米。⑥秸秆切碎合格率≥90%；抛撒不均匀率≤20%；漏切率≤1.5%。

秸秆粉碎覆盖还田与免耕、浅耕等技术结合，是目前农耕中较为先进的技术。如秸秆还田免耕播种保护性耕作技术是利用玉米联合收获机将作物秸秆直接粉碎后均匀抛撒在地表，然后用免耕播种机免耕播种，以达到改善土壤结构，培肥地力，实现农业节本增效的先进耕作技术。

（2）玉米秸秆粉碎还田覆盖工作程序。玉米联合收获或玉米收获并秸秆还田覆盖→深松(2~4年深松1次)。其主要技术内容主要包括如下4方面。①免耕播种技术：包括玉米免耕播种技术。玉米免耕播种作业选择2BYQF-3型等玉米贴茬直播机，播种量夏玉米一般为1.5~2.5千克/亩，播种深度一般控制在3~5厘米，施肥深度一般为8~10厘米（种肥分施），即在种子下方4~5厘米。②秸秆覆盖技术。要求播种后秸秆覆盖率不小于30%，并能满足后续环节作业。③深松技术。深松选用单柱振动式深松机，作业方式选择小麦播前深松：深松间隔40~60厘米；深度25~30厘米；一般2~4年深松一次。④杂草、病虫害控制和防治技术。病虫草害防治的要求：为了能充分发挥化学药品的有效作用并尽量防止可能产生的危害，必须做到使用高效、低毒、低残留化学药品，使用先进可靠的施药机具，采用安全合理的施药方法。化学除草剂的选择和使用：除草剂的剂型主要有乳剂、颗粒剂和微粒剂。施用化学除草剂的时间：玉米选择在播种后出苗前进行。施药的技术要求：根据以往地块杂草病虫的情况，合理配方，适时打药；药剂搅拌均匀，漏喷重喷率≤5%；作业前注意天气变化，注意风向；及时检查，防止喷头、管道堵漏。

# 四、玉米规模生产贮藏技术

目前，种植的玉米品种生育期普遍较晚，加上秋季气温低，籽粒脱水困难。玉米籽粒具有水分含量高、成熟度不一致、呼吸旺盛、易发热、霉变等特点，因此在贮藏前要做好玉米籽粒的降水分。

1. 收获前田间降水分

（1）选用适宜品种。选用生育期适中或较早熟、后期籽粒脱水快的品种。

（2）站秆扒皮。在玉米进入腊熟初期时，将外边苞叶全部扒下，使玉米籽粒直接照射阳光，水分可降低 7% ~ 10%，玉米站杆扒皮晒棒期间，要注意以下几个问题：第一，"火候"问题，必须掌握在腊熟期，白露前后玉米定浆时再扒；第二，玉米成熟期有早有晚，同一块地也不一样，要根据成熟情况，好一块扒一块，不能一刀切；第三，因玉米品种和扒皮时间不同，水分大小也不同，为保护质量，便于保管和脱粒，扒皮和未扒皮的要分别堆放，单独脱粒。

（3）合理施肥。施肥掌握早施、少施原则。一般不晚于吐丝期，粒肥施用量不超过总追肥量的 10%。如果土壤肥沃，穗期追肥较多，玉米长势好，无脱肥现象，则不必再施攻粒肥，以防贪青晚熟。

（4）打老叶。生育期后期底部叶片老叶枯萎，可及时打掉，增加田间通风透光。

（5）收获。推迟收获，站秆晾晒。

2. 收获后降水分

（1）玉米棒集中到场院后要进行通风降水，防止捂堆生霉通过降水的主要方法有 3 种。①上栈子降水，一般离地面至少 30 厘米以上。②码趟子降水，可码高 1 米、宽 0.7 米的趟子。③场地摆放降水，将玉米棒平摆在场内，高度一般不超过 30 厘米。无论哪种方法，都要隔几天翻捣 1 次，以利于降水。

（2）脱粒后的玉米降水首先，在场地地面上铺 10 ~ 15 厘米厚玉米，用木铣每隔 1 小时翻场 1 次；其次，晾晒后必须过筛清杂，把低水分和高水分的玉米分开装袋，不能混装；再次，将高水分玉米堆放在通风好的地方码成"井字"型通风垛，隔几天翻捣 1 次。

（3）利用干燥机或烘干室，烘穗、烘粒。

3. 穗贮与粒贮

（1）穗贮的方法。建玉米瘘子，玉米瘘子有长方形和圆形两种：长方形的底部要垫高 0.5 ~ 1 米，长度依贮量而定，宽 1 ~ 2 米，高 2 ~ 3 米；圆形底部垫超起 0.5 米左右，直径 3 ~ 5 米，高 3 ~ 4 米，中间最好立通风筒。可用铁筋、砖、秫秸、木板做墙，用薄铁、石棉瓦做盖，建成永久性贮粮仓。

（2）粒贮的方法。籽粒入仓前，把玉米水分降至 14% 以内，采用自然通风和自然低温。自然通风，就是在秋、冬、春季，向温度高的粮仓引入干冷空气，使仓内玉米降温、散温；自然低温，仓内长年保持在 15℃ 以下，有利于玉米安全过夏及防治病虫害。

# 五、玉米规模生产鼠害防治技术

田间鼠害是各种玉米生产田普遍发生和为害严重的生物灾害。主要有黑线姬鼠、褐家鼠、黄毛鼠、小家鼠等。大多数的鼠害是终年为害，在玉米生育期中主要是播种出苗期和花粒期两次为害高峰。

预防为主，综合防治是防治害鼠的方针。要健全害鼠预测预报体系，监控主要害鼠的种群动态力争主动，采取有效措施控制其暴发，压低种群密度。在防治害鼠时，要综合应用各种措施，达到理想的经济效益、社会效益和生态效益。

1. 农业防治

结合农业生产，努力创造不适宜害鼠栖息、取食、生存、繁殖的环境条件，减轻为害，以达到防鼠的目的。其措施包括耕翻与平整土地，整修田埂、沟渠，清除田间杂草，合理布局农作物，及时收获，精收细打，坚壁清野，改造房舍、仓库等。

耕翻和平整土地、可破坏鼠穴，恶化栖息环境，提高死亡率。结合秋翻、秋灌和冬闲整地，铲平坟头土岗；破坏害鼠越冬地。

食物是鼠类赖以生存的基础，设法减少或中断食料来源，可有效控制害鼠种群密度。改善住房条件，采用水泥地板、水泥墙、门、窗坚实无缝，下水道口、厕所坑口加装防鼠网，房顶采用水泥板等坚硬材料，墙壁抹光，防止鼠类攀爬等。

2. 生物防治

诸多鸟类、兽类、蛇类等都是鼠类的天敌。鸟类中的猫头鹰、隼、雕等都大量捕食鼠类，兽类中的貉、豺、貂、蒙、狐、鼬、花面狸、原猫、小灵猫、大灵猫、关獾狸、刺猬以鼠类为食物来源之一，人类饲养的猫也是捕鼠能手，绝大多数蛇类都是捕食鼠类的行家，可深入鼠洞进行捕食。在南亚一些产稻国家甚至将蛇看作农作物丰收的保护神而加以保护。例如，体重仅700克的艾虎全年可捕鼠兔1 543只，鼢鼠470只。保护这些鼠类的天敌，为其创造、提供适宜的生活环境，对长期安全、经济控制鼠类为害有十分重要的意义。

利用病原微生物灭鼠，也是生物防治的方法之一。像沙门氏菌中的但尼兹氏菌、密雷日可夫斯基氏菌、依萨琴柯氏菌、5170菌等细菌及鼠痘病毒、黏液瘤病毒等病毒和文美氏球虫等寄生虫，都曾在实验室中及实际运用中被应用于灭鼠工作。我国利用

C 型肉毒梭菌产生毒素灭鼠，效果较好，但考虑到病原微生物对鼠致病力的变异，对人、畜及其他非靶动物的安全等问题，需十分慎重。

3. 物理防治

物理防治即采用捕鼠器械防治害鼠。灭鼠的器械有：利用力学平衡原理和杠杆作用制成的捕鼠夹、笼、箱、箭、扣、套等，利用电学原理制成的电子捕鼠器等，还有粘鼠胶、压鼠板等。虽费工，成本高，投资大，但无环境污染，灭鼠效果明显，使用方便，可供不同季节、不同环境、不同目的要求捕杀鼠类使用，尤其适用于家庭灭鼠，是控制低密度鼠害的有效措施。此外，灌洞灭鼠、水淹灭鼠、超声波灭鼠等方法，也属物理灭鼠法。物理防治是综合防治的重要组成部分。

4. 化学防治

化学防治指用有毒药物毒杀或驱逐鼠类的方法，是短期内杀灭大量害鼠的主要方法。化学防治见效快，效果好，使用方便，效率高。但污染环境，易引起非靶动物中毒及造成二次中毒（猫、蛇、鹰等动物误食被毒杀死鼠后引起中毒）。

（1）掌握鼠情。制定防治方案调查了解当地主要害鼠的数量及分布情况，了解当地受害作物、受害程度、受害面积及达到防治指标面积，再根据气候条件、耕作制度、生态环境条件及自然资源等因素，制定可行的防治方案，包括防治对象、防治适期、药剂种类及施药方法等。

（2）统一行动。大面积连片防治大面积连片统一防治，可大大减少漏网的可能性，也有利于控制鼠害的流窜迁移，并提高了防治的经济性和高效性。

（3）突击性防治与经常性防治相结合。保持害鼠长期处于低密度水平化学防治需与其他防治方法配套使用，才能真正达到长期控制鼠类为害的目的。

　　（4）安全用药。防止二次中毒选择毒力适中，对标靶动物（鼠类）毒力强而对非靶动物毒力弱的药物。加强对药物的安全管理，专人保管、发放、使用。小心或避免使用无特效解毒药物的杀鼠药物。对死鼠应及时深埋、烧毁。

# 模块五　特用玉米生产技术

特用玉米用途广泛，除直接作粮食和饲料外，还是淀粉工业、食品工业、酿造业等优质原料。随着人民生活水平的日益提高，特用玉米这种特殊的消费食品备受消费者的青睐，特用玉米的价格、产值也比普通玉米高出数倍。因此，种植特种玉米能获得较好的经济效益，是广大农民致富的新途径。与普通玉米相比，特用玉米在栽培技术上有其特殊的要求。

## 一、甜玉米生产技术

### （一）甜玉米特性

甜玉米又称蔬菜玉米或水果玉米，是一种菜果兼用的新兴食品，具有甜、黏、嫩、香的特点。甜玉米有普甜、超甜和加甜3种，普甜玉米含糖量10%～15%，超甜玉米含糖量20%～25%，加甜玉米兼有甜玉米和超甜玉米特点。3种甜玉米的含糖量都明显高于普通玉米，而且人体所必需是铜、锰、锌等微量元素的含量也是普通玉米的2～8倍，赖氨酸、维生素E、钾、钙的含量也明显高于普通玉米，含油量比普通玉米高一倍以上，维生素含量也较高，具有丰富的营养价值，并易于被人体消化吸收，是老弱病人及婴幼儿的美味食品。

### （二）甜玉米的栽培技术要点

1. 选择适宜的品种

根据用途选用适宜的甜玉米品种，以幼嫩果穗作水果、蔬菜上市为主的，应选用超甜玉米品种，如鲁甜玉1号、甜甘玉8号等；以作罐头制品为主的，则应选用普通甜玉米品种，并按厂家对果穗大小、重量的要求，选择合适的品种，如鲁甜玉 2 号、加甜 16 号等。在选用品种时，应注意早、中、晚熟品种搭配，不断为市场和加工厂提供原料。

2. 隔离种植

为避免串粉失去甜性，甜玉米需要隔离种植。如果普通玉米或者不同类型的甜玉米串粉，就会产生花粉直感现象，变成了普通玉米，失去甜味。常用的隔离方法除空间隔离外，还有时间隔离。空间隔离距离一般为 400 米以上，也可利用村庄、树林、山丘等障碍物进行隔离；时间隔离主要是采用错期播种，播期应相差 30 天以上，使甜玉米与普通玉米或不同类型的甜玉米花期错开。

3. 整地

施足有机肥，复合肥为（氮、磷、钾的比例为 10∶8∶7）35~45 千克/亩，硫酸锌 150 千克/亩，将地翻耕，耙平耙细。

4. 适时、精细播种

甜玉米生育期短，应根据市场和加工特点，采用育苗移栽和地膜覆盖的播种方式。为提早上市可育苗移栽，华北平原一般 3 月下旬育苗，3 叶期移栽；地膜覆盖可在 3 月底 4 月初播种。为保证连续上市，可早、中、晚熟品种搭配，分期播种，分期采收。

种植甜玉米应像种植蔬菜一样，土壤细碎，上虚下实，因甜玉米顶土能力弱，适宜的播种深度为：超甜玉米不宜超过 3 厘米，普甜玉米不宜超过 4 厘米，播种后要适当镇压保墒。对于煮食鲜嫩果穗为目的种植的甜玉米，为提早上市，提高经济效益，可采用地膜覆盖栽培。

5. 合理密植，加强田间管理

甜玉米出苗率低，苗势较弱，种植密度一般高于普通玉米

30%～50%，一般为 3 000～4 000株/亩；如供采收玉米笋栽培，还可适当加大密度，以达到增穗增收的目的。

为确保苗全苗壮，获得较高的产量和优质产品，加强苗期田间管理尤其重要。一是及时防治病虫；二是适时间苗、定苗，一般 4～5 片叶时间苗，6～7 片叶时定苗。

6. 适时采收

由于甜玉米籽粒的含糖量因不同的时期而变化，所以对采收期的要求比较严格，一般在吐丝后 22～28 天采收。如果采收过早，籽粒含水量大、干物质少、味淡、产量低，不易保存；采收过迟，籽粒内糖分转化成淀粉，种皮加厚，吃起来皮厚，渣多，风味降低。

甜玉米鲜穗采收后，仅能存放 1～2 天，否则将影响品质。

# 二、爆裂玉米生产技术

## （一）爆裂玉米特性

爆裂玉米俗名麦玉米、尖苞米、爆花玉米等，是一种专门用来爆制玉米花的玉米类型。爆裂玉米果穗籽粒较小，含有丰富的蛋白质、淀粉、脂肪、无机盐及多种维生素，胚乳全部为角质淀粉，千粒重 100～160 克。籽粒受热后可自然爆裂，形成膨大的玉米花，彭爆倍数可达 30 倍以上，爆裂率超过 98%。用爆裂玉米加工的爆米花具有独特风味和较高的营养价值，香甜酥脆，方便卫生，还具有促进消化、减肥的功效，深受人们喜爱。

爆裂玉米分为米粒型和珍珠型两种，米粒型较多，穗粒更小，长而光，秃尖锐如刺；珍珠型籽粒较细小，顶部呈圆形。

### （二）爆裂玉米的栽培技术要点

**1. 品种选择**

比较好的爆裂玉米杂交种有鲁爆玉 1 号、沪爆 1 号、成都806 和黄玫瑰等。

**2. 选地隔离**

（1）选地。爆裂玉米籽粒小，芽势若，应选择在土壤肥沃，排灌方便，质地沙壤，墒情好的地块种植。播种深度 3～4 厘米出苗率高。

（2）隔离。大多数爆裂玉米品种都具有异交不育的特性。即植株果穗的花丝仅能接受自身或同品种的花粉受精结实，但不是所有的爆裂玉米品种都有异交不结实的特性。所以为了确保爆裂玉米的爆花质量，一般要与其他不同品种的玉米隔离 200 米以上。

**3. 合理密植**

多数爆裂玉米的生育期为 120～125 天，株型清秀紧凑，棒子细，籽粒小，单株产量低，因此种植密度要比当地的普通玉米高10%～20%，达到 4 000～5 000株/亩。

**4. 错期播种**

爆裂玉米一般雄穗发育快，雌穗发育慢，苞叶紧。分期播种有利于授粉，防止秃尖。一般先隔行播种，5 天后再在空行中播种。

**5. 合理施肥**

爆裂玉米苗期生长慢，要施足基肥，分期追肥。犁地前施有机肥 5 吨/亩，播种时施磷酸二铵 10 千克/亩。以后结合灌水，拔节期施尿素 20 千克/亩，大喇叭口期施硝铵 30 千克/亩，开花期施碳铵 20 千克/亩。

**6. 适时灌水**

爆裂玉米全生育期需灌水 4～5 次。在即将封行时，每隔 15

天灌水一次，以保证田内湿度。

### 7. 控制杂草

爆裂玉米苗期生长慢，不像普通玉米那样可以迅速形成一个优势群体抑制杂草生长，所以应注意防治杂草。可在播种后、出苗前使用乙阿合剂 300～400 克/亩，对水 30～40 千克喷洒地面。3～4 叶期，结合施肥进行浅中耕，7～8 叶期，结合施穗肥深中耕除草。

### 8. 去除分蘖

爆裂玉米苗期分蘖较多应及时除去，增强田间通风透光能力。

### 9. 适时采收及贮藏

爆裂玉米籽粒达到充分成熟时再收获，才能加工出最大膨爆系数的爆米花。如果提前收获影响爆米花的质量；过分推迟收获期，有时在田间可零星发生自然爆裂现象，如遇阴雨天气籽粒容易发生霉烂，因此籽粒成熟要适时采收。籽粒收获晾晒过程中注意避免损伤种皮和胚乳，保证籽粒的完整，防止过度暴晒。在脱粒晒干后，于干燥处贮藏，注意防湿防霉。

# 三、高油玉米生产技术

## （一）高油玉米的特性

高油玉米的含油量一般在 8.2% 左右，比普通玉米高 50% 以上，胚的含油量高达 47% 以上，所以被称为高油玉米。此外，高油玉米比普通玉米蛋白质含量高 10%～12%，赖氨酸含量高 20%，维生素含量高也较高，是粮、饲、油三兼顾的多功能玉米。玉米油是一种高质量植物油，味道纯正、营养价值高，具有保健功能，易被人体吸收，吸收率可达 98% 以上，是人类理想的食用油和保健油。高油玉米是高能优质饲料的重要原料，具有降低成本、节省饲料、提高畜产品品质等作用。高油玉米的产值接近油料作物和粮食作物之和，种植高油玉米有利于缓和油、饲争地的矛盾，提高我国有限耕地的利用率。高油玉米还是肥皂、油漆、润滑油、人造橡胶和皮革等工业产品的原料。

### （二）高油玉米栽培技术要点

#### 1. 品种选择

正确选用优良杂交种是实现高油玉米高产的重要措施。选用紧凑型、含油量高、高产抗病的优良品种。如中国农业大学培育的高油115、高油6号、高油8号等。

#### 2. 适期早播

高油玉米一般生育期较长，籽粒灌浆速度较慢，中后期温度偏低，不利于高油玉米正常成熟，影响产量和品质。因此，适期早播，延长生育期，是实现高产的关键措施之一。春播可在5~10厘米地温稳定在10~12℃时播种，套种在麦收前7~10天播种，夏直播在麦收后抢茬早播。

#### 3. 精细播种，合理密植

高油玉米抗倒伏能力不强，机播用种3~4千克/亩，点播用种2~3千克/亩；播种深度以5~6厘米为宜，行距60厘米，株距25厘米，保证密度在3 000~3 500株/亩，不宜超过4 000株/亩。

#### 4. 科学施肥

为使植株生长健壮、提高粒重和含油量，应增施氮、磷、钾肥。基肥一般施有机肥1 000~2 000千克/亩，五氧化二磷8~10千克/亩，硫酸锌1~2千克/亩；苗期追施氮肥2~3千克/亩，拔节后5~7天施氮肥10~12千克/公顷。

### 5. 化学调控

高油玉米植株偏高，可达2.5~2.8米，控高防倒是实现高油玉米高产的关键措施之一，在大喇叭口期喷施玉米健壮素30毫升/亩或用新型生长调节剂维他灵1支/亩喷施。

### 6. 及时防治病虫害

高油玉米对大小斑病有较强抗性，但玉米螟发生率较高，可在大喇叭口期用杀螟粒3~5千克/亩或乙敌粉3千克/亩进行防治灌心；在高发生区，可在吐丝期再用药一次，施于雌蕊上，能有效减少损失，确保高产丰收。

### 7. 收获贮藏

以收获籽粒榨油为主的玉米在完熟期乳线消失时收获；以收获地上部分作青贮饲料用的可在乳熟期收获。高油玉米不耐贮藏，易生虫变质，水分要降至13%以下，温度低于28℃贮藏，贮藏期间要多观察、勤管理。

# 四、高淀粉玉米生产技术

## （一）高淀粉玉米的特性

高淀粉玉米是指玉米籽粒粗淀粉含量达74%以上的专用玉米。根据克B1353—1999高淀粉玉米标准规定：一等高淀粉玉米的粗淀粉（干基）≥76%、二等高淀粉玉米为≥74%，而普通玉米的粗淀粉含量只有60%~69%。高淀粉玉米以加工淀粉为主。玉米淀粉不仅自身的用途广，而且还可以进一步加工转化成变性淀粉、稀黏淀粉、工业酒精、食用酒精、味精、葡萄糖等500多种产品，广泛用于造纸、食品、纺织、医药等行业，产品附加值超过玉米原值几十倍。

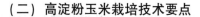

## （二）高淀粉玉米栽培技术要点

### 1. 选用良种

选择优良的高淀粉玉米品种是发展高淀粉玉米生产的第一关键。当前经过省级以上品种审定委员会审定的比较好的高淀粉玉米品种主要有：农大 364、济单 7、金山 12 号、武禾 1、通科 4 号、庆丰 969、哲单 21 等晚熟品种，主要适宜在生育期 130 天左右的地区种植；长单 206、费玉 3 号等早熟品种，主要适宜在生育期 110 天以内的地区种植。

### 2. 合理密植

目前，推广的高淀粉玉米品种多属于紧凑型和半紧凑型品种，需靠群体数量实现高产，一般适宜种植密度为 3 000～3 500 株/亩。种植方式可等行距或宽窄行。如等行距种植时，行距 50 厘米；宽窄行种植时宽行 60 厘米，窄行 40 厘米，株距依据密度确定。

### 3. 按需施肥

施足底肥，施优质圈肥 1 000 千克/亩。追肥量按每生产 100 千克籽粒需纯氮 3 千克，五氧化二磷 1 千克，氧化钾 3 千克的比例施用；缺锌的地块施硫酸锌 1 千克/亩。施肥时间和比例为种肥 10%、苗肥 30%、穗肥 40%（大喇叭口期前追施）和粒肥 20%（吐丝期追施）。

### 4. 适时浇水

高淀粉玉米的浇水要因地、因时、因苗。苗期正常生长要求土壤持水量为田间最大持水量的 70% 左右，播种前有灌溉条件的要浇足底墒水，满足苗期生长的需要；大喇叭口至吐丝期后需要土壤持水量达 80%，3 周内不能缺水，此时缺水会导致雄穗抽不出来，俗称"卡脖旱"，同时也会减少雌穗的小穗和小花数；粒期田间持水量达到 70% 左右即可。

5. 适当晚收获

高淀粉玉米以收获籽粒目的，所以，应让玉米充分成熟，晚熟期收获哦，有利于提高粒重和产量。玉米成分成熟的标志是：苞叶枯黄，籽粒坚硬，乳线消失，黑色层出现，籽粒呈现出该品种固有的颜色，此时收获淀粉含量和产量最高。

# 五、青贮玉米生产技术

## （一）青贮玉米的特性

青贮玉米是用于制作青贮饲料的专用品种，其特点是植株高大，茎叶繁茂，营养成分含量较高，产量多在 6 000 ~ 10 000 千克/亩。青贮专用玉米品质好，成熟时茎叶仍然青绿，且汁液丰富，营养价值高，适于喂奶牛、羊、马等家畜，适口性好。腊熟期的青贮玉米与其他青饲玉米相比，无论是鲜喂还是青贮，都是牛羊的优质饲料。据研究，青贮玉米每亩可产 450 个饲料单位，而马铃薯、甜菜、苜蓿、三叶草、饲用大麦等作物的饲料单位远不及青贮玉米。

## （二）青贮玉米栽培技术要点

1. 品种选择

青贮玉米产量的高低和品种有很大关系，同时也与气候、土壤、水利条件有关。选择品种时要考虑当地的日照时间、积温、降水量、土壤肥力等条件，选择适合本地生长，单位面积青饲产量高的品种。目前，生产上推广种植的青贮专用玉米品种有：青饲 1 号，属早熟种，适宜南方抢茬播种；中农大青贮 67，出苗到成熟 133 天，适宜在北京市、天津市、山西省北部春玉米区及上海、福建省中北部种植，丝黑穗病高发区慎用；华农 1 号，产量

高，抗倒能力强，适宜在南方种植等。

2. 播种方法

青贮玉米的播种，应根据不同地方的气候和水利条件采取不同的播种方法。

（1）大田直播法。该法适宜于南方气候温暖湿润，降水量充沛的地方。北方在5月上旬气温回升至16～17℃时才可大田直播。

（2）垄作栽培。垄作栽培是在精细整地后起垄，在垄上种植玉米。中等肥力的地块，垄幅30～35厘米，垄顶面宽15厘米，垄高17～18厘米，垄上种一行玉米。

（3）覆膜播种法。在整地后将地膜紧贴地面展平压紧，膜宽120厘米，在两块膜之间留30厘米的裸地，膜的边缘压盖8～10厘米厚的土，每隔2厘米左右横压土腰带，防止被风掀起。沙壤土且春季多风干旱地区，可选用先播种后覆膜的方法，但应注意及时放苗并保证覆膜质量，防止漏盖、膜边覆土压苗和烧苗现象。其他宜选用先覆膜后播种方法，以避免放苗麻烦，但应注意播种孔不宜太小，防止幼苗被覆盖压住而弯曲。如遇雨，封孔土板结，需人工碎土，辅助出苗。

（4）育苗移栽法。适宜于北方气温较低的地方。育苗时间应比当地适宜播种玉米时间提前20天，大田移栽苗龄在20天左右为宜。目前，有软盘（营养钵）育苗和营养块育苗两种方式，育苗在温室或塑料大棚里进行。

（5）免耕播种法。联合收割机在收获小麦的同时将小麦秸秆粉碎还田，在不耕地的条件下用播种机直接在麦茬地里划沟播种玉米，同时将一定的肥水也施入地下。

3. 播种量与播种密度

直播时要求挖穴距离均匀，深浅一致。育苗移栽每蔸栽1～2株苗，直播每穴播1～2粒种子。分蘖多穗型青贮玉米品种具有分支性，故应比单杆品种减少播种量。手播时每亩用种 3 千克，机播时每亩用种 2 千克，育苗移栽时，每亩用种 1 千克左右。分蘖多穗型青贮玉米在高温条件下，分枝性减弱，因此夏播玉米时要适当增加播种量，单杆大穗型青贮玉米品种播量应为每亩用种 3.5 ~ 4 千克。密度根据品种而定，一般为 400 株/亩左右，行距 60 厘米，株距 25 厘米。

4. 栽培管理

定苗时不要去分枝，封垄前中耕培土，每亩施 5 000 千克有机肥作底肥，苗高 30 厘米时每亩施复合肥 30 千克；大喇叭口期每亩施尿素 24 千克。干旱时浇水，保持土壤持水量 70% 左右。

5. 收获

一般在乳熟期，籽粒含水量在 61% ~ 68%，乳线下降至籽粒的 1/4 ~ 1/2 收获，收获后及时切碎青贮。

6. 青贮设施

通常有青贮窖、青贮壕、青贮塔和地面堆贮等，青贮设施要内部表面光滑平坦，四周不透气，不漏水，密封性好。

7. 切碎和填装

用青饲料切碎机将秸秆切成 0.5 ~ 2 厘米，青贮窖底部铺 10 ~ 15 厘米秸秆软草，四周衬一层塑料薄膜。填装时间越短越好。边填料、边压实。压实填料过程中注意清洁，以免污染饲料。有条件时可用真空泵将原料中的空气抽出，为乳酸菌繁殖创造厌氧条件。

8. 密封与管理

压紧后在原料上面盖 10 ~ 20 厘米秸秆，后覆盖薄膜，再压 30 ~ 50 厘米细土。密封后经常检查是否漏气，并及时修补，防止透气。40 ~ 50 天贮藏发酵后，可随取随喂。青贮饲料质量分三级，各级指标参看下表所示。

**表　玉米青贮饲料质量鉴定等级指标**

| 等级 | 色泽 | 酸度 | 气味 | 质地 | 结构 |
|---|---|---|---|---|---|
| 上等 | 黄绿色至绿色 | 酸味较多 | 芳香味 | 柔软稍湿润 | 茎叶易分离 |
| 中等 | 黄褐色至黑绿色 | 酸味中等或较少 | 芳香稍有酒精味或醋酸味 | 柔软稍干或水分稍多 | 茎叶分离困难 |
| 下等 | 黑褐色 | 酸味很少 | 臭味 | 干燥或黏结块 | 茎叶黏结一起并有污染 |

# 六、优质蛋白玉米（高赖氨酸玉米）生产技术

## （一）优质蛋白玉米的特性

优质蛋白玉米也称高赖氨酸玉米，籽粒中氨基酸、赖氨酸和色氨酸含量比普通玉米高 80% ~ 100%，每 100 克蛋白质中含赖氨酸 4 ~ 5 克、精氨酸含量高达 30% ~ 50%。优质蛋白玉米所含蛋白质品质高，比普通玉米具有更高的营养价值，且口感好。用其养猪，不仅可以大大节省饲料，而且增重率超过普通玉米 30% 以上。

## （二）优质蛋白玉米栽培技术要点

与普通玉米相比，优质蛋白玉米在栽培上要注意以下几点。

### 1. 隔离种植

优质蛋白玉米是由隐性基因控制的，在纯合情况下才表现出优质蛋白特性。如接受普通玉米的花粉，其赖氨酸含量也和普通玉米一样。因此，在生产上种植优质蛋白玉米的地块必须与普通玉米隔离，一般相隔 300 米，不让它们相互串粉。如果大面积连片种植，隔离差一点，影响也不大。

2. 选用硬质或半硬质杂交种

与普通玉米相比,优质蛋白玉米杂交种具有更明显的区域性。由于粉质杂交种易感穗粒腐病,多雨地区不宜种植,所以,应选用硬质或半硬质胚乳的杂交种,穗粒腐病轻,产量高。

3. 进行种子处理

为防治和减轻病害,播种前要进行选种、晒种和用25%粉锈宁可湿性粉或50%多菌灵可湿性粉按种子量的0.2%拌种,或用种子量的2%种衣剂13号包衣。或用"绿风95"500倍液浸种,均有防病增产效果。

4. 精心播种,一播全苗

优质蛋白玉米籽粒结构较松,容易霉烂,幼芽顶土力也差,播种偏深、墒情不佳,土壤板结等都会造成缺苗断垄。因此,在播前要精细整地,做到无坷垃、不板结、墒情适中;播深3～5厘米,及时防治地下虫,确保全苗。

5. 加强田间管理

优质蛋白玉米籽粒较秕,苗期长势弱,因此,在施种肥的基础上要早追提苗肥,重施壮秆孕穗肥,补施攻粒肥。同时,要及时中耕除草,防治虫害,及时灌溉和排涝。

6. 及时收晒,妥善贮存

优质蛋白玉米成熟后,籽粒含水量较普通玉米高,要注意及时收晒,以防霉烂。选择晴天收获,收后连晒2～3天,待果穗干后脱粒,以免损伤果皮和胚部。当水分降到13%以下时,入干燥仓库贮存。贮藏期间,由于优质蛋白玉米适口性好,易招虫、鼠为害,要经常检查,做好防治。有条件的可在入库前药剂熏库,以防仓库害虫。

# 模块六 玉米规模生产成本核算与产品销售

## 一、玉米规模生产补贴与优惠政策

### 1. 种粮直补政策

2014 年，中央财政将继续实行种粮农民直接补贴，补贴资金原则上要求发放给从事粮食生产的农民，具体由各省级人民政府根据实际情况确定。2014 年 1 月，中央财政已向各省（区、市）预拨 2014 年种粮直补资金 151 亿元。

### 2. 农资综合补贴政策

2014 年，中央财政将继续实行种粮农民农资综合补贴，补贴资金按照动态调整制度，根据化肥、柴油等农资价格变动，遵循"价补统筹、动态调整、只增不减"的原则及时安排和增加补贴资金，合理弥补种粮农民增加的农业生产资料成本。2014 年 1 月，中央财政已向各省（区、市）预拨 2014 年种粮农资综合补贴资金 1 071 亿元。

### 3. 良种补贴政策

2014 年，农作物良种补贴政策对水稻、小麦、玉米、棉花、东北和内蒙古自治区的大豆、长江流域 10 个省（市）和河南省信阳、陕西省汉中和安康地区的冬油菜、藏区青稞实行全覆盖，并对马铃薯和花生在主产区开展试点。小麦、玉米、大豆、油菜、青稞每亩补贴 10 元。其中，新疆维吾尔自治区地区的小麦良种补贴 15 元；水稻、棉花每亩补贴 15 元；马铃薯一、二级种薯每亩补贴 100 元；花生良种繁育每亩补贴 50 元、大田生产每亩补贴 10 元。水稻、玉米、油菜补贴采取现金直接补贴方式，小麦、大豆、棉花可采取现金直接补贴或差价购种补贴方式，具体由各省（区、市）按照简单便民的原则自行确定。

4. 农机购置补贴政策

2014 年，农机购置补贴范围继续覆盖全国所有农牧业县（场），补贴对象为纳入实施范围并符合补贴条件的农牧渔民、农场（林场）职工、农民合作社和从事农机作业的农业生产经营组织。补贴机具种类涵盖 12 大类 48 个小类 175 个品目，在此基础上各省（区、市）可在 12 大类内自行增加不超过 30 个其他品目的机具列入中央资金补贴范围。中央财政农机购置补贴资金实行定额补贴，即同一种类、同一档次农业机械在省域内实行统一的补贴标准。一般机具单机补贴限额不超过 5 万元；挤奶机械、烘干机单机补贴限额可提高到 12 万元；100 马力以上大型拖拉机、高性能青饲料收获机、大型免耕播种机、大型联合收割机、水稻大型浸种催芽程控设备单机补贴限额可提高到 15 万元；200 马力以上拖拉机单机补贴限额可提高到 25 万元；甘蔗收获机单机补贴限额可提高到 20 万元，广西壮族自治区可提高到 25 万元；大型棉花采摘机单机补贴限额可提高到 30 万元，新疆维吾尔自治区和新疆生产建设兵团可提高到 40 万元。不允许对省内外企业生产的同类产品实行差别对待。同时在部分地区开展农机深松整地作业补助试点工作。

5. 农机报废更新补贴试点政策

2014 年，继续在山西省、江苏省、浙江省、安徽省、山东省、河南省、新疆维吾尔自治区、宁波市、青岛市、新疆生产建设兵团、黑龙江省农垦总局开展农机报废更新补贴试点工作。农机报废更新补贴与农机购置补贴相衔接，同步实施。报废机具种类主要是已在农业机械安全监理机构登记，并达到报废标准或超过报废年限的拖拉机和联合收割机。农机报废更新补贴标准按报废拖拉机、联合收割机的机型和类别确定，拖拉机根据马力段的不同补贴额从 500 元到 1.1 万元不等，联合收割机根据喂入量（或收割行数）的不同分为 3 000 元到 1.8 万元不等。

6. 新增补贴向粮食等重要农产品、新型农业经营主体、主产区倾斜政策

国家将加大对专业大户、家庭农场和农民合作社等新型农业经营主体的支持力度，实行新增补贴向专业大户、家庭农场和农民合作社倾斜政策。鼓励和支持承包土地向专业大户、家庭农场、农民合作社流转，发展多种形式的适度规模经营。鼓励有条件的地方建立家庭农场登记制度，明确认定标准、登记办法、扶持政策。探索开展家庭农场统计和家庭农场经营者培训工作。推动相关部门采取奖励补助等多种办法，扶持家庭农场健康发展。

7. 产粮（油）大县奖励政策

为改善和增强产粮大县财力状况，调动地方政府重农抓粮的积极性，2005 年中央财政出台了产粮大县奖励政策。2013 年，中央财政安排产粮（油）大县奖励资金 320 亿元，具体奖励办法是依据近年全国各县级行政单位粮食生产情况，测算奖励到县。对常规产粮大县，主要依据 2006—2010 年 5 年平均粮食产量大于 2 亿千克，且商品量（扣除口粮、饲料粮、种子用粮测算）大于 500 万千克来确定；对虽未达到上述标准，但在主产区产量或商品量列前 15 位，非主产区列前 5 位的县也可纳入奖励；上述两项标准外，每个省份还可以确定 1 个生产潜力大、对地区粮食安全贡献突出的县纳入奖励范围。在常规产粮大县奖励基础上，中央财政对 2006—2010 年 5 年平均粮食产量或商品量分别列全国前 100 名的产粮大县，作为超级产粮大县给予重点奖励。奖励资金继续采用因素法分配，粮食商品量、产量和播种面积权重分别为 60%、20% 和 20%，常规产粮大县奖励资金与省级财力状况挂钩，不同地区采用不同的奖励系数，产粮大县奖励资金由中央财政测算分配到县，常规产粮大县奖励标准为 500 万 ~ 8 000 万元，

奖励资金作为一般性转移支付，由县级人民政府统筹使用，超级产粮大县奖励资金用于扶持粮食生产和产业发展。在奖励产粮大县的同时，中央财政对13个粮食主产区的前5位超级产粮大省给予重点奖励，其余给予适当奖励，奖励资金由省级财政用于支持本省粮食生产和产业发展。

产油大县奖励由省级人民政府按照"突出重点品种、奖励重点县（市）"的原则确定，中央财政根据2008—2010年分省分品种油料（含油料作物、大豆、棉籽、油茶籽）产量及折油脂比率，测算各省（区、市）3年平均油脂产量，作为奖励因素；油菜籽增加奖励系数20%，大豆已纳入产粮大县奖励的继续予以奖励；入围县享受奖励资金不得低于100万元，奖励资金全部用于扶持油料生产和产业发展。

2014年，中央财政将继续加大产粮（油）大县奖励力度。

8. 农产品目标价格政策

2014年，国家继续坚持市场定价原则，探索推进农产品价格形成机制与政府补贴脱钩的改革，逐步建立农产品目标价格制度，在市场价格过高时补贴低收入消费者，在市场价格低于目标价格时按差价补贴生产者，切实保证农民收益。2014年，启动东北和内蒙古自治区大豆、新疆维吾尔自治区棉花目标价格补贴试点，探索粮食、生猪等农产品目标价格保险试点，开展粮食生产规模经营主体营销贷款试点。

9. 农业防灾减灾稳产增产关键技术补助政策

2013年，中央财政安排农业防灾减灾稳产增产关键技术补助60.5亿元，在主产省实现了小麦"一喷三防"全覆盖，在西北实施地膜覆盖等旱作农业技术补助，在东北秋粮和南方水稻实行综合施肥促早熟补助，针对南方高温干旱和洪涝灾害安排了恢复农业生产补助，大力推广农作物病虫害专业化统防统治，对于预防区域性自然灾害、及时挽回灾害损失发挥了重要作用。2014年，

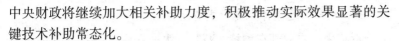

中央财政将继续加大相关补助力度，积极推动实际效果显著的关键技术补助常态化。

10. 深入推进粮棉油糖高产创建支持政策

2013 年，中央财政安排专项资金 20 亿元，在全国建设 12 500 个万亩示范片，并选择 5 个市（地）、81 个县（市）、600 个乡（镇）开展整建制推进高产创建试点。2014 年，国家将继续安排 20 亿元专项资金支持粮棉油糖高产创建和整建制推进试点，并在此基础上开展粮食增产模式攻关，集成推广区域性、标准化高产高效技术模式，辐射带动区域均衡增产。

11. 测土配方施肥补助政策

2014 年，中央财政安排测土配方施肥专项资金 7 亿元，以配方肥推广和施肥方式转变为重点，继续补充完善取土化验、田间试验示范等基础工作，开展测土配方施肥手机信息服务试点和新型经营主体示范，创新农企合作强化测土配方施肥整建制推进，扩大配方施肥到田覆盖范围。2014 年，农作物测土配方施肥技术推广面积达到 14 亿亩；粮食作物配方施肥面积达到 7 亿亩以上；免费为 1.9 亿农户提供测土配方施肥指导服务，力争实现示范区亩均节本增效 30 元以上。

12. 土壤有机质提升补助政策

2014 年，中央财政安排专项资金 8 亿元，通过物化和资金补助等方式，调动种植大户、家庭农场、农民合作社等新型经营主体和农民的积极性，鼓励和支持其应用土壤改良、地力培肥技术，促进秸秆等有机肥资源转化利用，提升耕地质量。2014 年继续在适宜地区推广秸秆还田腐熟技术、绿肥种植技术和大豆接种根瘤菌技术，同时，重点在南方水稻产区开展酸化土壤改良培肥综合技术推广，在北方粮食产区开展增施有机肥、盐碱地严重地区开展土壤改良培肥综合技术推广。

### 13. 农产品追溯体系建设支持政策

近年来，农业部在种植、畜牧、水产和农垦等行业开展了农产品质量安全追溯试点，部分省、市也围绕地方追溯平台建设积极尝试，取得了一些经验和成效。经国家发改委批准，农产品质量安全追溯体系建设正式纳入《全国农产品质量安全检验检测体系建设规划（2011—2015年）》，总投资4 985万元，专项用于国家农产品质量安全追溯管理信息平台建设和全国农产品质量安全追溯管理信息系统的统一开发。项目建设的主要目标是基本实现全国范围"三品一标"的蔬菜、水果、大米、猪肉、牛肉、鸡肉和淡水鱼等7类产品"责任主体有备案、生产过程有记录、主体责任可溯源、产品流向可追踪、监管信息可共享"。

### 14. 农业标准化生产支持政策

从2006年开始，中央财政每年安排2 500万元财政补助资金补助农业标准化实施示范工作。2014年，中央财政继续安排2 340万元财政资金补助农业标准化实施示范工作，在全国范围内，依托"三园两场"、"三品一标"集中度高的县（区）创建农业标准化示范县44个。补助资金主要用于示范品种生产技术规程等标准的集成转化和印发、标准的宣传和培训、核心示范区的建设、龙头企业和农民专业合作社生产档案记录的建立以及品牌培育等工作。

### 15. 培育新型职业农民政策

2014年，农业部将进一步扩大新型职业农民培育试点工作，使试点县规模达到300个，新增200个试点县，每个县选择2~3个主导产业，重点面向专业大户、家庭农场、农民合作社、农业企业等新型经营主体中的带头人、骨干农民等，围绕主导产业开展从种到收、从生产决策到产品营销的全过程培训，重点探索建立教育培训、认定管理和扶持政策三位一体的制度体系，吸引和培养造就大批高素质农业生产经营者，支撑现代农业发展，确保

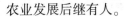

农业发展后继有人。

16. 阳光工程政策

2014年，国家将继续组织实施农村劳动力培训阳光工程，以提升综合素质和生产经营技能为主要目标，对农民免费开展专项技术培训、职业技能培训和系统培训。阳光工程由各级农业主管部门组织实施，农广校、农技推广机构、农机校、农业职业院校及有条件的培训机构承担具体培训工作。

17. 培养农村实用人才政策

2014年，继续开展农村实用人才带头人和大学生村官示范培训，增选一批农村实用人才培训基地，依托培训基地举办117期示范培训班，通过专家讲课、参观考察、经验交流等方式，培训8 700名农村基层组织负责人、农民专业合作社负责人和3 000名大学生村官，同时带动各省区市大规模开展培训工作，培养致富带头人和现代农业经营者。继续实施农村实用人才培养"百万中专生计划"，改革完善课程体系，提高办学水平，提升教学质量，全年实现10万人以上的招生规模，提高农村实用人才学历层次。继续开展农村实用人才认定试点，明确农村实用人才的认定标准，探索认定与补贴、项目、资助、土地利用等挂钩的办法，提高认定的"含金量"，构建扶持农民的政策体系。吸引社会力量扶持农村实用人才创业兴业，组织开展第三批"百名农业科教兴村杰出带头人"和第二批"全国杰出农村实用人才项目"评选工作，选拔50名左右优秀农村实用人才，每人给予5万元的资金资助。

18. 农业保险支持政策

目前，中央财政提供农业保险保费补贴的品种有玉米、水稻、小麦、棉花、马铃薯、油料作物、糖料作物、能繁母猪、奶牛、育肥猪、天然橡胶、森林、青稞、藏系羊、牦牛等，共计15个。对于种植业保险，中央财政对中西部地区补贴40%，对东部地区补贴35%，对新疆生产建设兵团、中央直属垦区、中储粮北方公司、中国农业发展集团公司（以下简称中央单位）补贴65%，省级财政至少补贴25%。对能繁母猪、奶牛、育肥猪保险，中央财政对中西部地区补贴50%，对东部地区补贴40%，对中央单位补贴80%，地方财政至少补贴30%。对于公益林保险，中央财政补贴50%，对大兴安岭林业集团公司补贴90%，地方财政至少补贴40%；对于商品林保险，中央财政补贴30%，对大兴安岭林业集团公司补贴55%，地方财政至少补贴25%。中央财政农业保险保费补贴政策覆盖全国，地方可自主开展相关险种。2014年，国家将进一步加大农业保险支持力度，提高中央、省级财政对主要粮食作物保险的保费补贴比例，逐步减少或取消产粮大县县级保费补贴，不断提高稻谷、小麦、玉米三大粮食品种保险的覆盖面和风险保障水平；鼓励保险机构开展特色优势农产品保险，有条件的地方提供保费补贴，中央财政通过以奖代补等方式予以支持；扩大畜产品及森林保险范围和覆盖区域；鼓励开展多种形式的互助合作保险。

19. 扶持家庭农场发展政策

家庭农场作为新型农业经营主体，以农民家庭成员为主要劳动力，以农业经营收入为主要收入来源，利用家庭承包土地或流转土地，从事规模化、集约化、商品化农业生产，已成为引领适度规模经营、发展现代农业的有生力量。2014年2月，农业部下发了《关于促进家庭农场发展的指导意见》，从工作指导、土地流转、落实支农惠农政策、强化社会化服务、人才支撑等方面提出了促进家庭农场发展的具体扶持措施。主要包括：建立家庭农场档案，开展示范家庭农场创建活动；引导和鼓励家庭农场通过多种方式稳定土地流转关系；推动落实涉农建设项目、财政补贴、税收优惠、信贷支持、抵押担保、农业保险、设施用地等相关政策，帮助解决家庭农场发展中遇到的困难和问题；支持有条件的家庭农场建设试验示范基地，担任农业科技示范户，参与实施农业技术推广项目；加大对家庭农场经营者的培训力度，鼓励中高等学校特别是农业职业院校毕业生、新型农民和农村实用人才、务工经商返乡人员等兴办家庭农场等。

20. 扶持农民合作社发展政策

党的十八届三中全会提出，"鼓励农村发展合作经济，扶持发展规模化、专业化、现代化经营，允许财政项目资金直接投向符合条件的合作社，允许财政补助形成的资产转交合作社持有和管护，允许合作社开展信用合作。"2014 年中共中央"一号文件"进一步强调，"鼓励发展专业合作、股份合作等多种形式的农民合作社，引导规范运行，着力加强能力建设。"对于各种形式的合作社，只要符合合作社基本原则和服务成员的宗旨，符合有关条件和要求，能让农民切实受益，都将给予鼓励和支持。2013 年，中央财政扶持农民合作组织发展资金规模达 18.5 亿元。目前农村土地整理、农业综合开发、农田水利建设、农技推广等涉农项目，都把合作社作为承担主体。已有部分涉农项目形成的资产由合作社管护。2014 年，除继续实行已有的扶持政策外，农业部将按照中央的统一部署和要求，配合有关部门选择产业基础牢、经营规模大、带动能力强、信用记录好的合作社，按照限于成员内部、用于产业发展、吸股不吸储、分红不分息、风险可掌控的原则，稳妥开展信用合作试点。

21. 发展多种形式适度规模经营政策

党的十八届三中全会提出：鼓励承包经营权在公开市场向专业大户、家庭农场、农民合作社、农业企业流转，发展多种形式的适度规模经营。2014 年中共中央"一号文件"进一步强调，"鼓励有条件的农户流转承包土地的经营权，加快健全土地经营权流转市场，完善县乡村三级服务和管理网络。探索建立工商企业流转农业用地风险保障制度，严禁农用地非农化。有条件的地方，可对流转土地给予奖补。"土地流转和适度规模经营必须从国情出发，要尊重农民意愿，因地制宜、循序渐进，不能搞大跃进，不能强制推动；要与城镇化进程和农村劳动力转移规模相适应，与农业科技进步和生产手段改进程度相适应，与农业社会化服务水平提高相适应；要坚持农村土地集体所有权，稳定农户承包权，放活土地经营权，以家庭承包经营为基础，推进家庭经营、集体经营、合作经营、企业经营等多种经营方式共同发展；要坚持规模适度，既注重提升土地经营规模，又防止土地过度集中，兼顾公平与效率，提高劳动生产率、土地产出率和资源利用率；要坚持市场在资源配置中起决定性作用和更好发挥政府作用，既促进土地资源有效利用，又确保流转有序规范，重点支持发展粮食规模化生产。

22. 完善农村土地承包制度政策

完善农村土地承包经营制度，涉及亿万农民的切身利益，中央高度重视，党的十八届三中全会、中央农村工作会议和 2014 年中共中央一号文件，都提出明确要求。党的十八届三中全会强调，"稳定农村土地承包关系并保持长久不变，在坚持和完善最严格的耕地保护制度前提下，赋予农民对承包地占有、使用、收益、流转及承包经营权抵押、担保权能，允许农民以承包经营权入股发展农业产业化经营。" 2013 年，国家选择了 105 个县（市、区）扩大土地承包经营权确权登记颁证试点范围，围绕土地承包关系"长久不变"的具体形式进行了深入研究。2014 年，抓紧抓实农村土地承包经营权确权登记颁证工作，选择 3 个省作为整省推进试点，其他省（区、市）至少选择 1 整个县推进试点；继续深化对土地承包关系长久不变及土地经营权抵押、担保、入股等问题的研究，按照审慎、稳妥的原则，配合有关部门选择部分地区开展土地经营权抵押担保试点，研究提出具体规范意见，推动修订相关法律法规。

## 二、玉米规模生产市场信息与种植决策

市场经济就是一切生产经营活动都需要围绕市场转，生产什么、市场多大、卖价多少，都需要根据市场调研后才能作出正确决策，以取得良好的经济效益。

### （一）农产品市场调研

农产品市场调研就是针对农产品市场的特定问题，系统且有目的地收集、整理和分析有关信息资料，为农产品的种植、营销提供依据和参考。

1. 农产品市场调查的内容

（1）农产品市场环境调查。主要了解国家有关玉米生产的政策、法规，交通运输条件，居民收入水平、购买力和消费结构等。

（2）农产品市场需求调查。一是市场需求调查。国内外在一定时段内对玉米产品的需求量、需求结构、需求变化趋势、需求者购买动机、外贸出口及其潜力调查。二是市场占有率调查。是指玉米产品加工企业在市场所占的销售百分比。

（3）农产品调查。主要调查：一是产品品种调查。重点了解市场需要什么品种，需要数量多少，农户种植的品种是否适销对路。二是产品质量调查。调查产品品质等。三是产品价格调查。调查近几年玉米种植成本、供求状况、竞争状况等，及时调整生产计划，确定自己的价格策略。四是产品发展趋势调查。通过调查玉米产品销售趋势，确定自己的投入水平、生产规模等。

（4）农产品销售调查。一是产品销路。重点对销售渠道，以及产品在销售市场的规模和特点进行调查。二是购买行为。调查企业对农产品的购买动机、购买方式等因素。三是农产品竞争。调查竞争形势，即玉米生产的竞争力和竞争对手的特点。

2. 农产品市场调查方法

主要是收集资料的方法，一是直接调查法，主要有访问法、观察法和实验法。二是间接调查法或文案调查法，即收集已有的文献资料并整理分析。

（1）文案调查法。就是对现有的各种信息、情报资料进行收集、整理与分析。主要有五条途径。①收集农产品经营者内部资料。主要包括不同区域与不同时间的销售品种和数量、稳定用户的调查资料、广告促销费用、用户意见、竞争对手的情况与实力、产品的成本与价格构成等。②收集政府部门的统计资料和法规政策文件。主要包括政府部门的统计资料、调查报告，政府下达的方针、政策、法规、计划，国外各种信息和情报部门发布的消息。③到互联网上收集信息。可以经常关注中国农产品市场网、中国玉米网、中国农业信息网、中国惠农网、中华玉米网等。④到图书馆收集信息。借阅或查阅有关图书、期刊，了解玉米生产情况。⑤观看电视。收看电视新闻节目，了解政府最新政策动向和市场环境变化情况；可以关注CCTV7农业频道的有关玉米生产、销售的新闻节目和专题节目。

（2）访问法。事先拟定调查项目或问题以某种方式向被调查者提出，并要求给予答复，由此获得被调查者或消费者的动机、意向、态度等方面信息。主要有面谈调查、电话调查、邮寄调查、日记调查和留置调查等形式。

（3）观察法。由调查人员直接或通过仪器在现场观察调查对象的行为动态并加以记录而获取信息的一种方法。有直接观察和测量观察。

（4）实验法。是指在控制的条件下对所研究现象的一个或多个因素进行操纵，以测定这些因素之间的关系。如包装实验、价格实验、广告实验、新产品销售实验等。

3. 市场调研资料的整理与分析市场调研后，要对收集到的资料数据进行整理和分析，使之系统化、合理化和简单化

（1）市场调研资料整理与分析的过程。第一，要把收集的数据分类，如按时间、地点、质量、数量等方式分类；第二，对资料进行编校，如对资料进行鉴别与筛选，包括检查、改错等；第三，对资料进行整理，进行统计分析，列成表格或图式；第四，从总体中抽取样本来推算总体的调查带来的误差。

（2）市场调研数据的调整。在收集的数据中，由于非正常因素的影响，往往会导致某些数据出现偏差。对于这些由于偶然因素造成的、不能说明正常规律的数据，应当进行适当地调整和技术性处理。主要有剔除法、还原法、拉平法等。

（3）应用调研信息资料的若干技巧。市场调研获得信息后，就要进行利用。下面介绍利用市场调研信息进行经营活动的一些技巧。

一是反向思维。就是按事物发展常规程序的相反方向进行思考，寻找利于自己发展，与常规程序完全不同的路子。这一点在农产品种植销售更值得思考，农民往往是头一年那个产品销售的好，第二年种植面积就会大幅度增减，造成农产品价格大幅度下降，出现"谷贱伤农、菜贱伤农"等现象。如当季农产品供过于求时，价格低廉可将产品贮藏起来，待产品供不应求时卖出，以赚取利润。

二是以变应变。就是及时把握市场需求的变动，灵活根据市场变动调整农产品种植销售策略。

三是"嫁接"。就是分析不同地域的优势和消费习惯，把其中能结合的连接起来，进行巧妙"嫁接"，从中开发新产品、新市场。如特种玉米的种植，可采取特殊加工进行新产品开发和销售。

四是"错位"。就是把劣势变成优势开展经营。如农产品中的反季节种植与销售。

五是"夹缝"。就是寻找市场的空隙或冷门来开展经营。农产品生产经营易出现农户不分析市场信息，总是跟在别人后面跑，追捧所谓的热门，结果出现亏本。寻找市场空隙和冷门对生产规模不大的农产品经营者很有帮助。

六是"绕弯"。就是用灵活策略去迎合多变的市场需求。可将农产品进行适当的加工、包装后，就有可能获得大幅度增值。

### (二) 农产品市场需求预测

市场需求受到多种因素的影响，如消费者的人数、户数、收入高低、消费习惯、购买动机、商品价格、质量、功能、服务、社会舆论和有关政策等，其中最主要的因素是人口、购买动机和购买力。

#### 1. 市场需求量的估测

根据人口、购买动机和购买力这3个影响市场需求的主要因素，可以得到一个简单而实用的公式：

市场需求 = 人口 + 购买力 + 购买动机

举一个简单的例子来说明这个公式的应用。如2011年某市户籍人口1 021万人，常住人口1 346万人；该市城市居民人均可支配收入34 300元，同比增长12%，农村居民人均纯收入14 700元，同比增长16%。假若收入的30%用于消费食物、特种玉米占食物消费额的0.2%，想购买特种玉米的人约10%。则该市特种玉米的市场需求预测：

根据该市城市人口占65%，农村人口占35%，计算人均可支配收入为：34 300 ×70% + 14 700 ×30% = 2 8420（元）。

该市特种玉米的市场需求为：13 460 000 × 28 420 × 30% × 0.2% ×10% = 22 951 992（元）。

当然以上只是假设数据或估计数据，在实际预测时，还需要进一步调查确定。如定价合适、服务好的话，也许购买特种玉米的人比例还会增加，市场需求量也会增加。

2. 根据购买意图进行预测

有两种方法：直接预测和间接预测。

（1）直接预测。主要是通过问卷调查法、访问调查法等，预测在既定条件下购买者可能的购买行为：买什么？买多少？下表就是通过问卷直接调查预测消费者打算购买特种玉米的支出占伙食开支的比例。

表　购买意向概率调查

| 未来一个月内，你打算购买特种玉米的支出占你的伙食开支的比例是多少？请在相应的空格栏打√ | | | | | |
|---|---|---|---|---|---|
| 0 | 0~0.1 | 0.1~0.2 | 0.2~0.3 | 0.3~0.4 | 0.4~0.5 |

（2）间接预测。主要有以下方法：①销售人员意见调查。由企业或合作社召集销售人员共同讨论，最后提出预测结果的一种方法。②专家意见法。邀请有关专家对市场需求及其变化进行预测的一种方法。③试销法。把选定的产品投放到经过挑选的有代表性的小型市场范围内进行销售实验，以检验在正式销售条件下购买者的反应。另外还有趋势预测法和相关分析法，这两种方法需要专业人员进行预测分析。

## （三）种植业结构调整中的玉米生产问题

玉米是我国的主要粮食作物，种植面积居第三位，总产和单产均位居前茅，对我国的粮食生产举足轻重。同时，玉米又是粮饲兼用的作物，一般认为，75%~80%的玉米用作饲料，又称玉米为饲料之王，当然玉米也是重要的工业原料，尤其在制药业、食品加工业等领域，其重要性尤其在计划经济时代是无法代替的。我们必须明确，玉米是高产作物，是饲料作物，是重要工业原料作物，是确保我国粮食安全的重要作物。

当前，我国农业正在发生历史性变化，在基本解决温饱问题的情况下，粮食出现了阶段性过剩的局面，由过去片面追求产量向优质、高产、高效方面转化，这一变化，不仅仅是种几个优质品种的问题，而是农业乃至国民经济的结构性、战略性调整。玉米作为重要的粮食作物，调整的难度之大，可能超过水稻和小麦等作物。

在种植业结构调整中，相对于玉米而然，可以说水稻、小麦先行一步，国家采取了一系列重要措施，如提倡南方发展优质水稻特别是优质早籼稻。在小麦方面，如提出东北春小麦退出国家保护价收购政策、优质专用小麦评选及标准的制定、冬小麦北移等，作用可能不如想象的效果，但推动作用是显而易见的。这些相关措施都无形中促进了水稻、小麦优质化进程。在水稻、小麦相对玉米来说种植业结构调整中农民容易了解、理解和把握。

玉米主要用作饲料，而且不是农民直接作饲料，很明显有一个销售问题，不仅有营养品质更有商品品质问题。一方面，玉米的品质问题一直未引起有关方面的足够重视，调整起来感到突然，农民不易把握，学术界争议较大，尤其是目前没有优质玉米的国家和行业标准或标准尚不完善；另一方面，玉米主产区尤其是东北春玉米区作物比较单调，种植大豆对于农民来说，不仅收成是未知数（半年间的气候条件如何变化），效益也是未知数（半年后的市场前景），还有轮作倒茬等问题。在种植业结构调整中广大玉米产区的农民显得不知所措，难以把握方向和大局。农民首先想到的是种特种（特用、专用）玉米，一般包括甜玉米、糯玉米、爆裂玉米、笋用玉米、高油玉米、高淀粉玉米和优质蛋白玉米等。

甜玉米和糯玉米主要用于鲜食，在国外也叫蔬菜玉米，市场容量是有限的。例如，北京市有 1 000 多万常住人口，每人每年食 10～20 穗鲜玉米，可能需要 1 亿至 2 亿穗鲜玉米，按每亩种植 3 000～4 000 株计算，商品玉米可按 2 000 穗/亩考虑，种植 5～10 万亩鲜食玉米完全可以满足现阶段对甜、糯玉米的需求，当然甜、糯玉米也有加工做罐头等需求。笋用玉米、爆裂玉米用量更有限。以中国农业大学为代表的高油玉米育种在国内外已经走在前头，处于领先地位。但毕竟因制种面积和难度有限，适应范围、加工能力、市场需求和产量水平有限等因素，使之没必要也不可能成为各个主产区的主要品种，可以积极适度发展。

国家积极提倡和促进种植业结构调整得到了广大农民的欢迎，也符合市场经济发展的实际需要。中央多次强调，这次调整不是局部的，而是全局性的；不是短期的行为，不仅仅多种或少种些优质品种的问题，而是长期的战略性的调整，是国民经济发展的要求，是面向国内和国际市场的需要，关系到农业发展和稳定的大局。当然，各地区的社会经济条件和生态条件不同，发展也不平衡。因此，各级政府在调整种植业结构中应因地制宜地进行，遵循以市场为导向的原则，努力发挥区域优势和规模效益，积极引导农民开阔市场，并为他们提供和创造必要的条件和服务，切不可采用一刀切和强迫命令等行政干预的做法。种什么、种多少完全是农民自己的选择。

对于全国玉米来说，在现阶段可以适度提倡发展鲜食特种玉米，尤其在大中城市郊区、经济比较发达的东南玉米区。西南玉米区主要是发展优质饲用玉米和优质食用玉米，重点是满足饲料工业对玉米生产的需求，在目前首先应积极发展粮饲兼用玉米生产，逐渐引导农民主要发展饲料玉米生产。在西南玉米区玉米面积应保持相对稳定，并可适当稳步增加，减少大跨度大量玉米的调入，对稳定南方畜牧业发展具有战略性意义。不能因国家对这一地区玉米退出保护价收购而造成面积锐减，而应作为南方玉米发展的又一次难得机遇。

北方玉米区是玉米种植业结构调整的重点。一是黄淮海夏玉米区，是我国玉米的重要主产区之一，常年播种面积在 1.2 亿亩左右，占全国玉米面积的 1/3 左右，也是国家重要的粮食生产基地，稳定该地区的玉米生产具有战略性意义，这一地区的玉米生产应继续坚持稳定面积、提高单产为主，适当发展耐密型品种，充分利用雨热同期的优势。稳步提高商品品质同时适当兼顾营养品质，积极提倡发展饲料玉米，国家应采取积极的引导措施，确保该地区避免因种植业结构调整造成玉米生产的大起大落。二是北方春玉米区，以吉林省、黑龙江省全部、辽宁省大部分地区以及内蒙古自治区的东北部地区，玉米面积约占全国的1/4，单产水平较高，是我国重要的商品粮基地。在结构调整中重点是引导农民适当稳步压缩玉米面积，努力提高玉米品质特别是商品品质，稳定单产，尤其在黑龙江省、内蒙古自治区等要积极发展饲料玉米的生产，满足畜牧业发展的需要。稳步发展大豆生产，适度恢复高粱、谷子等小宗粮食、油料作物的生产。不仅要积极筛选和推广成熟期适宜、商品品质优良的玉米品种，也要根据市场需要适度发展高淀粉、高油、高赖氨酸等类型的玉米品种来满足玉米深加工对原料的要求。主要是发展优质高产抗旱品种，适当兼顾早熟类型的品种，改变粗放型的生产管理，同时在北方春玉米区应积极建设高标准旱涝保收的相对稳定的国家级玉米种子生产基地。在西北重点发展饲料玉米，继续主攻单产，为西北畜牧业大发展奠定坚实的基础，适当压缩玉米面积，退耕还林、还草，适度恢复和发展小宗粮食、油料作物。

从全局看，我国玉米种植业结构调整应以市场为导向，大力发展饲料玉米（短期内可引导农民发展粮饲兼用玉米），以提高商品品质为重点适当兼顾营养品质和加工品质，适当压缩北方尤其是东北玉米面积，积极稳妥地发展南方玉米和特种（专用、特用）玉米，确保粮食生产的稳步发展。为保证上述目标的实现，国家和省级农业行政主管部门应根据市场的需求，兼顾到玉米等作物的产量、品质、熟期、抗逆性等多种因素，积极探索和制定玉米等作物品种的综合评价体系和特殊类型的专用评价体系，通过玉米品种审定标准的制定和实施，引导育种单位根据市场确定合理可行的育种目标，依靠科技进步来确保种植业结构调整落到实处。

政府在玉米种植业结构调整中，到底应做哪些工作，是值得深思的大问题。作者认为，既然玉米过剩，显然生产问题不是首要问题，政府尤其应跳出玉米生产的框框束缚，在玉米的市场需求特别是转化、加工方面出主意想办法，研究对策，短期内所能想到的首先当属发展畜牧业以及玉米的转化、深加工等方面，协助企业和农民搭起玉米产业化的桥梁。目前中国农民的文化素质不高，尤其是玉米产区，让他们找出路、闯市场、预测未来难度可想而知，而且农作物都有半年左右的生育期，这期间往往又"天有不测风云"。看样子，围绕市场来研究玉米加工、转化等问题才是政府现阶段应着力解决的，切不可强迫命令农民种什么，不种什么，在一定范围内应加快取消种植业计划，尽快让市场来调节。

在玉米的种植结构调整中，目前，各级政府值得注意的几个问题：一是要确定农民是种植业结构调整的主体，享有完全的经营权和决策权，要积极引导、扶持和搞好服务；二是决不能采取行政命令等简单手段强制压缩玉米面积，大量强制削减玉米种植面积既是盲目的也是危险的；三是玉米结构调整决不等于只有发展所谓甜、糯、爆、笋、赖、油玉米，任何一个玉米大国都不是靠这些起家的；四是明确确定"玉米是饲料作物之王"的战略地位。针对以上问题，在玉米种植结构调整中，应积极引导农民适当稳妥压缩东北春玉米面积，稳定黄淮海地区的玉米面积，稳步发展南方玉米面积，力争玉米面积稳定在3.5亿亩左右；大力发展饲料玉米和粮饲兼用玉米，尤其要扶持玉米的深加工和转化，积极发展特种玉米生产，努力提高玉米的商品品质兼顾加工品质和营养品质。只有靠市场，玉米种植结构调整才有出路。

在推进农业战略性结构调整过程中要注意防止四种倾向：第一要防止忽视和放松粮食生产的倾向，要保护粮食的综合生产能力；第二要防止浮躁和急噪的情绪，扎扎实实地稳步推进工作；第三要防止畏难情绪，对战略性调整要坚定信心，大胆探索；第四要防止行政干预、强迫命令，要坚持面向市场、因地制宜、依靠科技、尊重农民意愿的原则，政府有关部门要主动发挥政策引导、科技指导和因势利导的作用。这些观点对于玉米作物的种植结构调整具有重要的指导意义。

### （四）目前我国玉米规模生产的种植决策

玉米是深加工产品种类最多、链条最长的粮食作物。在玉米深加工的消费中，玉米淀粉、酒精、燃料乙醇占据了85%以上的消费量。此外，玉米还是重要的口粮、饲料、并可榨取玉米食用油，用途十分广泛。目前，我国农户种植玉米的决策主要取向于近几年玉米市场的销售情况，销售情况好，利润高，农户种植积极性就高。随着我国玉米的多种需求刚性上升，农户种植玉米的收入比较稳定，种植风险较小，因此，可以进行推广普及性种植。

1. 玉米产业链延伸使工业需求空间放大

2006年我国玉米工业消费用量接近3 000万吨，到2010年已达到4 000万吨左右。国内几大重要玉米深加工企业如吉林省黄龙、吉林省大成、河南巨龙淀粉、河南孟州金玉米等企业都增加了用量。酒精、淀粉、淀粉糖、变性淀粉、味精、柠檬酸和赖氨酸为最主要的玉米深加工产品。玉米产业链较大豆产业链条长，尽管国家宏观调控对玉米深加工企业落后产能进行淘汰限制，但大型玉米深加工企业的工业消费仍将会保持10%左右的较快增长速度，成为推动玉米价格上涨的动力。

2. 饲料消费需求平稳增长

2010年以来，伴随畜牧业的兴盛，肉、蛋、奶等领域价格全面走高，豆粕和玉米的饲料需求量被不断放大。在饲料营养搭配中，"玉米＋豆粕＋鱼粉"的日粮被认为是最佳日粮组合，玉米是提供能量的原料，豆粕是提供植物性蛋白质的原料，当某种原料具有明显的价格优势时，就会产生替代。

### 3. 能源属性消耗玉米量上升

在全球原油价格居高不下的背景下，燃料乙醇的发展使玉米需求大幅度增长。美国作为全球最大的玉米生产与消费国，近年来燃料乙醇发展速度超过 20%。在能源属性的带动下，全世界玉米消费快速增长。根据美国新的能源安全法案，2012 年，美国生物燃料乙醇的产量要增加到 75 亿加仑*，比 2005 年时翻一番，消耗的玉米约占产量的 30%。这也将使得全世界的玉米产量有限，增加了相应的需求。

### 4. 我国玉米供求平衡状况已打破

目前，国内玉米整体的平衡的局面已经打破，从中长期看，国内外玉米面临偏紧的供求形势。作为世界第二大主产玉米的中国，如果都出现了供应短缺，那么其他主产国家和地区也不可能出现大量替代性的产量增长。我国玉米供求形势已由原来的供过于求转变为供求基本平衡，并正在向偏紧方向发展，减产年份可能存在较大缺口。在供求关系没有明显改变前，玉米价格将出现"难涨难跌"的高位徘徊局面。

### 5. 我国玉米种植成本与收益变化

根据国家统计局年鉴，1978 年全国玉米种植面积只有 2.99亿亩，只相当于小麦、稻谷种植面积的 68%、57%。2002 年玉米种植面积达到 3.69 亿亩，首次超过小麦；2007 年扩大到 4.4 亿亩，首次超过稻谷。2011 年，玉米播种面积超出稻谷、小麦播种面积，预计 2014 年全国玉米播种面积继续增长。

### 6. 当前我国玉米与大豆比价失调

合理的种植比价关系是保持作物协调发展的关键。一般来说，玉米与大豆的合理比价在 1∶2.5 至 1∶3 附近为宜。2008 年

---

\* 加仑是一种容（体）积单位，分英制加仑（1 加仑约为 4.55 升）和美制加仑（1 加仑约为 3.79 升）。

时，大豆玉米价格比平均为 2.9，当年 3 月曾升至 3.87，在黑龙江省个别地区更是飙升至 1：4。此后，大豆价格逐渐回落，大豆玉米价格比也逐渐下降，当年 9 月份跌至 1：2.1，在国家委托市场收购情况下又恢复到 1：2.5。进入 2010 年以来，这一比价为 1：2.2 至 1：2.4，曾经低至 1：1.8。不均衡的比价，促使近年来农民多种玉米。

# 三、玉米规模生产成本分析与控制

## （一）玉米规模生产成本分析

农产品成本核算是农业经济核算的组成部分，通过农产品成本核算，才能正确反映生产消耗和经营成果，寻求降低成本途径，从而有效地改善和加强经营管理，促进增产增收。通过成本核算也可以为生产经营者合理安排生产布局，调整产业结构提供经济依据。

1. 农产品生产成本核算要点

（1）成本核算对象。根据种植业生产特点和成本管理要求，按照"主要从细，次要从简"原则确定成本核算对象。玉米为主要农产品，因此一般应单独核算其生产成本。

（2）成本核算周期。玉米的成本核算的截止日期应算至入库或在场上能够销售。一般规定一年计算一次成本。

（3）成本核算项目。一是直接材料费。是指生产中耗用的自产或外购的种子、农药、肥料、地膜等。二是直接人工费。是指直接从事生产人员的工资、津贴、奖金、福利费等。三是机械作业费。是指生产过程中进行耕耙、播种、施肥、中耕除草、喷药、灌溉、收割等机械作业发生的费用支出。四是其他直接费。除以上三种费用以外的其他费用。

（4）成本核算指标。有两种：一是单位面积成本，二是单位产量成本。单位面积成本为常用。

2. 玉米生产成本核算案例

近两年，农民普遍认为，粮价虽有上升趋势，但生产资料价格上涨更快、幅度更大，种粮成本不断追加，经济效益并没有得到大幅提高。大户规模经营成本的投入尚可接受，而分散小户的种粮积极性还需国家补贴来加以维系。这里逐一对玉米生产成本加以分析，为农户自主选择适栽作物提供参考，亦为政府农补决策的制定提供基础材料。玉米的生产成本项目主要有种子、肥料、药剂、整地、人工费用等。

（1）种子。在玉米种子投入方面，先玉335种子（8 000粒）为90元/袋，按1公顷使用8袋计算，需要720元。

（2）肥料。底肥（尿素15千克，单价2.4元/千克＋复合肥600千克，单价3.8元/千克）约需2 316元，口肥（磷酸二铵50千克，单价3.6元/千克）为360元，追肥用尿素15千克，为36元，合计肥料总投入需2 712元。

（3）药剂。除草剂2组，60元/组；矮化药2瓶，35元/瓶，成本约为190元。

（4）整地。翻地、灭茬和趟地等整地成本约为115元。

（5）人工。包含收割50元、拉地30元、扒玉米100元、播种15元、除草15元、打矮化药10元、追肥15元、拉秸秆40元和掰丫子15元在内的人工费共需290元。

（6）总生产成本。以上合计生产成本投入总计约4 027元/公顷。可见，化肥量和劳动用工量是玉米生产的主要影响因素，人工费用的计量方法将直接影响玉米生产成本和经济效益的核算。

3. 玉米生产效益分析案例

仍以上例为准，按照玉米产量10 000千克/公顷、收粮价格1.8元/千克计算，可收入18 000元/公顷。另外，粮食直补35元/亩、综合补贴85元/亩以及良种补贴10元/亩等折合为1公顷，累计补贴可达1 950元/公顷，可见，良种等补贴既降低了生产成本又增加了经济效益。去除成本，通过计算可知，1公顷净收入约为15 923元。

若采用包地的方式参与粮食生产，还需去除包地的租赁金7 000元/公顷，也就是说，包地基础上种植玉米1公顷纯收入可达8 923元。

## (二) 玉米规模生产控制成本措施

近年来，玉米收购价格明显走低，而农资价格却居高不下，造成种粮成本增加，这就决定了农民种粮收益不会太高，给农民增收带来不利影响，一定程度挫伤了农民来之不易的种粮热情。因此，为了保证粮食稳产高产，降低农业生产成本，使农民从种粮中获取较大的经济效益。

### 1. 积极推广粮食优质品种

粮食生产种子是关键，农民最希望能买到高质量优质品种。因此建议有关部门在引进优质品种、推广农业科技上下功夫，利用当地优势，普及优质、高产的玉米品种，提高农业科技含量和市场竞争力。

### 2. 加强农资生产和市场监管力度

继续规范和整顿农资市场秩序，遏制农资价格过快上涨势头；严厉打击假冒伪劣，查处制假、销假、坑农害农的经营户；鼓励竞争，遏制垄断，稳定供销渠道和市场价格。

### 3. 建立储备调节制度

要完善农业风险保障机制，对重要的农产品建立必要的储备调节制度，搞好市场吞吐，做到以丰补欠，平抑市场价格。

### 4. 当好参谋

在调整种植结构、优化品种、发展玉米产业方面，政府要当好农民的参谋和助手，要从种子选育入手，在开发和种植新品种上下功夫，合理安排玉米生产，指导农民调整结构，提高经济效益。

5. 搞好服务

政府要做好市场前景预测和信息发布，加强动态分析，及时向农民提供各种市场和价格的最新信息，使他们能及早了解各种信息资料，减少不必要的损失，帮助农民增产增收。

**（三）玉米规模生产的农业保险**

农业保险是专为农业生产者在从事种植业、林业、畜牧业和渔业生产过程中，对遭受自然灾害、意外事故疫病、疾病等保险事故所造成的经济损失提供保障的一种保险。农业保险按农业种类不同分为种植业保险、养殖业保险；按危险性质分为自然灾害损失保险、病虫害损失保险、疾病死亡保险、意外事故损失保险；按保险责任范围不同，可分为基本责任险、综合责任险和一切险；按赔付办法可分为种植业损失险和收获险。《农业保险条例》已经 2012 年 10 月 24 日国务院第 222 次常务会议通过，现予公布，自 2013 年 3 月 1 日起施行。

1. 玉米生产可利用的农业保险

（1）农作物保险。农作物保险以稻、麦、玉米等粮食作物和棉花、烟叶等经济作物为对象，以各种作物在生长期间因自然灾害或意外事故使收获量价值或生产费用遭受损失为承保责任的保险。在作物生长期间，其收获量有相当部分是取决于土壤环境和自然条件、作物对自然灾害的抗御能力、生产者的培育管理。因此，在以收获量价值作为保险标的时，应留给被保险人自保一定成数，促使其精耕细作和加强作物管理。如果以生产成本为保险标的，则按照作物在不同时期、处于不同生长阶段投入的生产费用，采取定额承保。

（2）收获期农作物保险。收获期农作物保险以粮食作物或经济作物收割后的初级农产品价值为承保对象，即是作物处于晾晒、脱粒、烘烤等初级加工阶段时的一种短期保险。

2. 农业保险的经营

是为国家的农业政策服务，为农业生产提供风险保障；农业保险的经营原则是：收支平衡，小灾略有结余丰年加快积累，以备大灾之年，实现社会效益和公司自身经济效益的统一。

政策性农业保险是国家支农惠农的政策之一，是一项长期的工作，需要建立长期有效的管理机制，公司对政策性农险长期发展提出以下几点建议：要有政府的高度重视和支持；坚持以政策性农业保险的方式不动摇；政策性农险的核心是政府统一组织投保、收费和大灾兜底，保险公司帮助设计风险评估和理赔机制并管理风险基金；出台相应的政策法规，做到政策性农险有法可依；各级应该加强宣传力度，使农业保险的惠农支农政策家喻户晓，以下促上；农业保险和农村保险共同发展。农村对保险的需求空间很大，而且还会逐年增加，农业保险的网络可以为广大农村提供商业保险供给，满足日益增长的农村保险需求，使资源得到充分利用；协调各职能部门关系，建立相应的机构组织，保证农业保险的顺利实施；其次各级财政部门应该对下拨的财政资金最好进行省级直接预拨，省级公司统一结算，保证资金流向明确，足额及时，保证操作依法合规；长期坚持农作物生长期保险和成本保险的策略；养殖业保险以大牲畜、集约化养殖保险为主。但不能足额承保，需给投保人留有较大的自留额，同时要实行一定比例的绝对免赔率。

3. 我国农业保险的发展

农业保险，关乎国家的粮食安全。这项工作正在"试点"之中。面对国际粮价大幅上涨和国内农民种粮积极性不高这样一个严峻形势，农业保险必须尽快"推而广之"。

我国《农业保险条例》第三条：国家支持发展多种形式的农

业保险，健全政策性农业保险制度。农业保险实行政府引导、市场运作、自主自愿和协同推进的原则。省、自治区、直辖市人民政府可以确定适合本地区实际的农业保险经营模式。任何单位和个人不得利用行政权力、职务或者职业便利以及其他方式强迫、限制农民或者农业生产经营组织参加农业保险。

（1）种粮农户要有所投入。如《中共安徽省委安徽省人民政府致全省广大农民朋友的一封信》提出，要求农户保费投入每亩负担分别是水稻3元、小麦2.08元、玉米2.4元、棉花3元、油菜2.08元。对此，农民朋友们应该是能够接受的。

（2）国家财政要有投入。如2008年中央财政将安排60.5亿元健全农业保险保费补贴制度。财政部表示，在推广保费补贴的试点省份，中央财政对种植业保险的保费比例提高至35%。随着农业保险工作的进一步推广，相信中央财政还将作出更多的投入。

（3）产粮区地方财政要有所补贴。如《中共安徽省委安徽省人民政府致全省广大农民朋友的一封信》中说，农业保险每亩保费中的财政补贴，水稻12元，小麦8.32元，玉米9.6元，棉花12元，油菜8.32元。这里"财政补贴"中的"大头"正是来自安徽省的地方财政；对此，安徽省能做到的，其他产粮省份也应尽快跟进。

（4）销粮区地方财政亦应有所补贴。农业保险的投入，这看似"赔本的买卖"，但赚来的是老百姓的温饱，是社会的安定。这种"得益"，不仅是产粮区，也包括销粮区。所以，对农业保费的财政补贴，销粮区地方财政也应"切出一块"来，这叫"欲取之，必先予之"。

农业保险是国家粮食安全的保护伞。当下的农业生产，仍然要在很大程度上还是靠天吃饭。而有了农业保险，农民朋友，特别是那些种粮大户，便有了"东山再起"的信心和后劲。就全国来说，只是在"有积极性、有能力、也有条件开展农业保险的省份"搞试点，而像中国第一种田大户侯安杰所在的地方，"他跑了多家保险公司，也没人愿意承接他的农业保险业务"，这正表明农业保险亟需"四轮齐转"。

据统计，自然灾害每年给中国造成 1 000 亿元以上的经济损失，受害人口 2 亿多人次，其中，农民是最大的受害者，以往救灾主要靠民政救济、中央财政的应急机制和社会捐助，农业保险无疑可使农民得到更多的补偿和保障。

# 四、玉米规模生产产品价格与销售

## （一）农产品价格变动信息获得

### 1. 农产品价格波动的规律

近些年来，我国一些农产品价格经历了忽高忽低的剧烈波动。其中，少数农产品价格的高位和低位波动甚至成为社会舆论热议的话题。2010 年，"逗（豆）你玩"、"算（蒜）你狠"、"将（姜）你军"和"唐（糖）高宗"曾是社会上分别形象地比喻当时绿豆、大蒜、生姜和食用糖价格过度上涨的情形。农产品价格波动，一方面对农民收入和农民积极性产生直接影响，另一方面又关乎百姓的日常生活和切身利益。目前影响价格变动的因素，主要有以下几方面：

（1）国家经济政策。虽然国家直接管理和干预农产品价格的种类已经很少，但是，国家政策，尤其是经济政策的制定与改变，都会对农产品价格产生一定的影响。①国民经济发展速度。我国自改革开放以来，整个国民经济发展速度加快，每年以 8% 左右的速度递增。其中，工业与农业生产发展速度是国民经济的最基本的部分，二者发展中的比例直接影响到农产品价格。如果工业增长过快，农业增长相对缓慢，则造成农产品供给缺口拉大，必然引起农产品价格上涨；相反农产品增长过快，供给加大，则农产品价格下降。②国家货币政策。国家为了调整整个国民经济的发展，经常通过调整货币政策来调控国家经济。其表现为：如果放开货币投放，使货币供给超过经济增长，货币流通超出市场商品流通的需要量，将引起货币贬值，农产品价格上涨；如果为抑制通货膨胀，国家可以采取紧缩银根的政策，控制信贷规模，提高货币存贷利率，减少市场货币流量，农产品价格就会逐渐回落。多年来，国家在货币方面的政策多次变动，都不同程度地影响农产品价格。③国家进出口政策。国家为了发展同世界各国的友好关系，或者为了调节国内农产品的供需，经常会有农产品进出口业务的发生，如粮食、棉花、肉类等的进出口。农产品的进出口业务在我国加入 WTO 之后，对农产品的价格会带来很大影响。④国家或地方的调控基金的使用。农产品价格不仅关系到农民的收入和农村经济的持续发展，还关系到广大消费者的基本生活，因此国家或地方政府就要建立必要的稳定农产品价格的基金。这部分基金如何使用，必然会影响到农产品的价格。除上述之外，还有其他一些经济政策，如产业政策、农业生产资料供应政策等，都会不同程度地影响着农产品的价格。尤其是我国加入 WTO 之后，农产品价格必然会发生较大变化。

（2）农业生产状况。农业生产状况影响农产品价格，首先是指我国农业生产在很大程度上还受到自然灾害的影响，风调雨顺的年份，农产品丰收，价格平稳；如遇较大自然灾害时，农产品歉收，其价格就会上扬。其次，我国目前的小生产与大市场的格局，造成农业生产结构不能适应市场需求的变化，造成农产品品种上的过剩，使某些农产品价格发生波动。再次，就是农业生产所需原材料涨价，引起农产品成本发生变化而直接影响到农产品价格。

（3）市场供需。绝大部分农产品价格的放开，受到市场供需状况的影响。市场上农产品供求不平衡是经常的，因此必然引起农产品价格随供求变化而变化。尤其当前广大农民对市场还比较陌生，其生产决策总以当年农产品行情为依据，造成某些农产品经常出现供不应求或供过于求的情况，其结果引起农产品价格发生变动。

（4）流通因素。自改革开放以来，除粮、棉、油、烟叶、茶叶、木材以外，其他农副产品都进入各地的集贸市场。因当前市场法规不健全，导致管理无序，农副产品被小商贩任意调价，同时，农产品销售渠道单一，流通不畅通，客观上影响着农产品的销售价格。

（5）媒体过度渲染。市场经济条件下，影响人们对农产品价格预期形成的因素多种多样。其中，媒体宣传可能会在人们形成对某种农产品价格一致性预期方面产生显著的影响。

从根本上来说，人们对农产品价格预期的形成，来源于自己所掌握的信息及其对信息的判断。当市场信息反复显示：某种农产品价格在不断地上涨，或者在持续地下跌，这时人们就会形成农产品价格还将上涨的预期或者还将下跌的预期。

在信息化时代，人们生活越来越离不开媒体及其信息传播。我国农产品市场一体化程度已经很高，媒体如果过度渲染，人们就会强化某种农产品价格的预期，产生的危害可能更大。媒体反复传播某地某种农产品价格上涨或者下跌，人们对价格还将上涨或者下跌的预期可能会不断增强而产生恐慌心理，采取非理性行为。

媒体如果夸大农产品价格上涨或者下跌幅度，可能就会误导生产经营者和消费者，破坏农产品市场正常运行秩序。2011 年 11 月，正值台湾地区领导人选举，出于竞选的需要，一些媒体曾被利用而不客观地大肆报道台湾产芒果价格过低。原来当时台湾芒果价格一般都在台币 17 元以上，而报道时称芒果价格普遍只有台币 2 元，结果导致经销商暂停收购，果农恐慌，芒果严重滞销，市场价格大幅度下跌。

近来一些媒体广泛报道某些茶叶每两价格过万元的事件。多数媒体尽管持怀疑和批评态度，但是这也可能无意地被虚炒商人利用，实际起着传播茶叶价格已经大幅度上涨信息和强化人们形成预期的作用。如果媒体对于这类有价无市的茶叶"市场运作"置之不理，或者揭穿虚炒商人的真实意图，避免让普通消费者和生产经营者形成一致性预期而采取不理性的市场行为，少数虚炒商人也就无法在茶叶市场上"兴风作浪"。

市场经济条件下，农产品供求及其价格信息监测、发布和传播在促进农产品价格合理水平的形成等方面具有积极意义。但是，随着农产品金融化和交易虚拟化的出现，如果农产品市场信息被少数人用来恶意炒作，或者无意助推人们过度预期，则可能加剧农产品市场波动，严重干扰正常的农产品经营秩序，损害农业稳定发展以及农民和消费者的利益。为此，要加快农产品市场信息发布与传播立法，推进农产品市场信息法治化管理。凡是采集、加工、发布与传播农产品市场信息的主体，都必须符合一定的资质条件，并且必须按照科学的程序开展工作。发布农产品市场信息时必须提供信息采集样本的情况。通过农产品市场信息管理法治化进程，促进媒体自律。媒体发布和传播农产品市场信息需要符合资质条件的单位授权。媒体在采访农产品的极端价格发布和信息传播时，必须提供市场交易量和交易主体。

2. 农产品价格变动信息获取

农业生产是自然再生产与经济再生产相交织的过程，存在着自然与市场（价格）的双重风险。随着我国经济的发展，农民收入波动在整体上已经基本摆脱自然因素的影响，而主要受制于市场价格的不确定性。价格风险对农民来说，轻则收入减少，削弱发展基础；重则投资难以收回，来年生产只得靠借债度日。农产品价格风险主要源于市场供求变化和政府政策变动的影响。因此，对农民进行价格和政策的信息传播，使农民充分了解信息，及时调整生产策略和规避风险，显得尤为重要。要实现这一目的，首先要回答在信息多样化、传播渠道多元化的环境下，农民获取信息的渠道是什么？

（1）传统渠道。根据山东省、山西省和陕西省三省827户农户信息获取渠道的调查数据的分析结果表明，无论是获取政策等政府信息，还是获取市场信息，农民获取的渠道主要是电视、朋友和村领导，信息渠道结构表现为高度集中化、单一化。在获取政策等政府信息时，有74.4%的农民首选的渠道是电视，其次是村领导和朋友，分别为55%和38.4%。在获取市场信息时，有56.6%的农民首选的渠道是朋友，其次才是电视和村领导，分别为49.3%和19.4%。农村中的其他传媒如报纸、广播、互联网等的作用微乎其微。

（2）信息化时代渠道。近年来，国家和省级开始建立农业信息发布制度，规范发布标准和时间，农业信息发布和服务逐步走向制度化、规范化。农业部初步形成以"一网、一台、一报、一刊、一校"（即中国农业信息网、中国农业影视中心、农民日报社、中国农村杂志社和中央农业广播电视学校）等"五个一"为主体的信息发布窗口。多数省份着手制定信息发布的规章制度，对信息发布进行规范，并与电视、广播、报刊等新闻媒体合作，建立固定的信息发布窗口。这也成为农民获取农产品价格信息的主要渠道。①通过互联网络获得信息。农业部已建成具有较强技术支持和服务功能的信息网络（中国农业信息网），该网络布设基层信息采集点8 000多个，建立覆盖600多个农产品生产县的价格采集系统，建有280多个大型农产品批发市场的价格即时发布系统，拥有2.5万个注册用户的农村供求信息联播系统，每天发布各类农产品供求信息300多条，日点击量1.5万次以上。农业部全年定期分析发布的信息由2001年的255类扩大到285类。全国29个省（市、区）、1/2的地市和1/5的县建成农业信息服务平台，互联网络的信息服务功能日益强大。例如，江苏省丰台中华果都网面向种养大户、农民经纪人发展网员2 000名，采取"网上发信息，网下做交易"的形式开展农产品销售，两年实现网上销售 3.5 亿元。

此外，如农产品价格信息网（www.3w3n.com）、中国价格信息网（www.chinapyice.gov.cn）、中国农产品交易网（www.aptc.cn）、新农网（www.xinnong.com）、心欣农产品服务平台（www.xinxinjiage.com）、中国经济网实时农产品价格平台（www.ce.cn/cycs/ncp）、金农网（www.agyi.com.cn）、中国惠农网（www.cnhnb.com）、中国企业信息在线网（www.nyxxzx.com）等也是农民获取小麦价格信息的渠道。②通过有关部门与电视台合作开办的栏目获得信息。一些地方结合现阶段农村计算机拥有率低，而电视普及率较高的实际，发挥农业部门技术优势、电视部门网络优势和农业网站信息资源优势，实施农技"电波入户"工程，提高农技服务水平和信息入户率。③通过有关部门开办电话热线获得信息。有的地方把农民急需的新优良种、市场供求、价格等信息汇集起来并建成专家决策库，转换成语音信息，通过语音提示电话或专家坐台咨询等方式为农户服务。④通过"农信通"等手机短信获得信息。借鉴股票机的成功经验，在农村利用网络信息与手机、寻呼机相结合开展信息服务，仍有一定的开发空间。河南省农业厅、联通河南省分公司、中国农网联袂推出"农信通"项目信息服务终端每天可接受 2 万余字农业科技、市场、文化生活信息，并可通过电话与互联网形成互动，及时发布农产品销售信息，专业大户依据需求还可点播、定制个性化信息。⑤通过乡村信息服务站获得信息。一些地方通过建设信息入乡进村服务站，既向农民提供市场价格、技术等信息服务，又提供种苗、农用物资等配套服务，实现信息服务和物资服务的结合。⑥通过中介组织获得信息。中介服务组织依托农业网站发布信息，既发挥网络快捷、信息量大的优势，又发挥中介组织经验丰富、客户群体集中的长处，成为今后农村信息服务的重要形式。⑦通过"农民之家"获得信息。"农民之家"主要依托农业技术部门在县城内开设信息、技术咨询门市部，设立专业服务柜台及专家咨询台，并开通热线电话，实现农技服务由机关式向窗口式转变。

## （二）农产品销售策略

玉米属于大宗农产品，其销售渠道相对简单，主要有：

### 1. 专业市场销售

专业市场销售，即通过建立影响力大、辐射能力强的农产品专业批发市场，来集中销售农产品。一是政府开办的农产品批发市场，由地方政府和国家商务部共同出资参照国外经验建立起来的农产品专业批发市场，如郑州小麦批发市场。二是自发形成的农产品批发市场，一般是在城乡集贸市场基础上发展起来的。三是产地批发市场，是指在农产品产地形成的批发市场，一般生产的区位优势和比较效益明显。四是销地批发市场，是指在农产品销售地，农产品营销组织将集货再经批发环节，销往本地市场和零售商，以满足当地消费者需求，如郑州万邦国际农产品物流城。

### 2. 产地市场

是指农产品在生产当地进行交易的买卖场所，又称农产品初级市场。农产品在产地市场聚集后，通过集散市场（批发环节）进入终点市场（城市零售环节）。我国的农村集镇大多数是农产品的产地市场。产地市场大多数是在农村集贸市场基础上发展起来的。但产地市场存在交易规模小，市场辐射面小，产品销售区域也小，不能从根本上解决农产品卖难、流通不畅的社会问题，需要政府出面开办农产品产地批发市场。

### 3. 农业会展

农业会展以农产品、农产品加工、花卉园艺、农业生产资料以及农业新成果新技术为主要内容，主要包括有关农业和农村发展的各种主题论坛、研讨会和各种类型的博览会、交易会、招商会等活动，具有各种要素空间分布的高聚集型、投入产出的高效益型、经济高关联性等特点，是促进消费者了解地方特色农产品和农业对外交流与合作的现代化平台。如中国国际绿色食品博览会等。农业会展经济源于农产品市场交换，随着市场经济的发展而日益繁荣，是农业市场经济和会展业发展到一定阶段的产物。农民朋友可利用各种展会渠道，根据自身需要，积极参加农业会展，推介自己特色农产品。

4. 销售公司销售

销售公司销售，即通过区域性农产品销售公司，先从农户手中收购产品，然后外销农户和公司之间的关系可以由契约界定，也可以是单纯的买卖关系。这种销售方式在一定程度上解决了"小农户"与"大市场"之间的矛盾。通过销售公司销售农产品可以有效缓解"小农户"与"大市场"之间的矛盾。农户可以专心搞好生产，销售公司则专职从事销售，销售公司能够集中精力做好销售工作，对市场信息进行有效分析、预测。销售公司具有集中农产品的能力，这就使得对农产品进行保鲜和加工等增值服务成为可能，为农村产业化的发展打下良好基础。

5. 专业合作组织销售

合作组织销售，即通过综合性或区域性的社区合作组织，如流通联合体、贩运合作社、专业协会等合作组织销售农产品。购销合作组织为农民销售农产品，一般不采取买断再销售的方式，而是主要采取委托销售的方式。

6. 农户直接销售

农户直接销售，即农产品生产农户通过自家人力、物力把农产品销往周边地区。这种方式作为其他销售方式的有效补充，这种模式销售灵活，农户可以根据本地区销售情况和周边地区市场行情，自行组织销售。农民获得的利益大。农户自行销售避免了经纪人、中间商、零售商的盘剥，能使农民朋友获得实实在在的利益。

# 主要参考文献

[1] 赵久然，王荣焕，陈传永．玉米生产技术大全．北京：中国农业出版社，2012.

[2] 李少昆，王振华，高增贵．北方春玉米田间种植手册．北京：中国农业出版社，2011.

[3] 李少昆，谢瑞芝，赖军臣．玉米抗逆减灾栽培．北京：金盾出版社，2013.

[4] 刘开昌，王庆成．玉米良种选择与生产栽培技术．北京：化学工业出版社，2013.

[5] 李少昆，刘永红．玉米高产高效栽培模式．北京：金盾出版社，2011.

[6] 张翠翠，史凤勤．玉米生产实用技术．北京：中国农业科学技术出版社，2011.

[7] 吕春和，吴学江．玉米栽培新技术技术．北京：中国农业科学技术出版社，2014.

[8] 王国忠等．玉米高产栽培实用技术．北京：中国农业科学技术出版社，2013.

[9] 杜永林，邓建平，吴九林．无公害玉米标准化生产．北京：中国农业出版社，2010.

[10] 曹敏建．玉米标准化生产技术．北京：金盾出版社，2009.

[11] 宋志伟，杨净云．农村信息化及网络应用．北京：中国农业大学出版社，2013

[12] 林素娟．农产品营销新思维．大连：东北财经大学出版社，2012

[13] 张光辉．农产品市场营销实用技能．广州：中山大学出版社，2013

[14] 宋志伟．农作物测土配方施肥技术．北京：中国农业科学技术出版社，2011.

[15] 宋志伟．农作物植保员培训教程．北京：中国农业科学技术出版社，2011.